모든 어린이가 부모 눈에 비친 대로만 커준다면
세상에는 천재들만 있을 것이다.

요한 볼프강 폰 괴테

자기 자식을 알면
현명한 아버지이다.
윌리엄 셰익스피어

열혈엄마 똑똑한 육아법

열혈엄마
똑똑한
육아법

펴낸날 2020년 9월 30일 1판 1쇄

지은이 백다은
펴낸이 김영선
기획 양다은
책임교정 이교숙
교정교열 남은영
경영지원 최은정
디자인 바이텍스트
일러스트 다즈랩
마케팅 신용천

펴낸곳 (주)다빈치하우스-미디어숲
주소 경기도 고양시 일산서구 고양대로632번길 60, 207호
전화 (02) 323-7234
팩스 (02) 323-0253
홈페이지 www.mfbook.co.kr
이메일 dhhard@naver.com (원고투고)
출판등록번호 제 2-2767호

값 16,800원
ISBN 979-11-5874-086-3

이 도서의 국립중앙도서관 출판예정도서목록(CIP)은 서지정보유통지원시스템 홈페이지(http://seoji.nl.go.kr)와 국가자료공동목록 시스템(http://www.nl.go.kr/kolisnet)에서 이용하실 수 있습니다.(CIP제어번호: CIP2020034938)

0~24개월, 헬육아 말고 꿀육아

열혈엄마 똑똑한 육아법

백다은 지음 | **다즈랩** 그림

12년 차 초등 교사 엄마의 진짜 '꿀육아'하는 육아 솔루션

미디어숲

프롤로그

육아 효능감을 높이는 육아 종합선물세트
- 이론부터 실전까지 '헬육아' 말고 '꿀육아'

아들 둘을 키우는 한 육아 선배는 이렇게 말했다.

"이전 세대 부모들이 아이 키우는 이 엄청난 일을 사회적으로 큰 진통 없이 겪어냈다는 건 경이로운 일이야!"

저출산이 사회문제로 떠오르고, 아이 낳아 기르는 일의 버거움을 표현한 '헬육아'라는 단어가 일상화된 요즘의 시선으로 봤을 때 더욱 신기할 따름이다.

육아의 순간들을 들여다보면 '헬육아'라는 말에 고개가 끄덕여진다. 공갈 젖꼭지를 끊지 못해 구슬프게 울면서 찾아 헤매는 아이를 안고 달래며 다음 날 출근 걱정까지 해야 하는 밤엔 정말이지 출구가 안 보이는 듯했다. 아이가 자신을 둘러싼 세상에 막 눈뜨기 시작할 무렵부터는 시도 때도 없이 바깥에 나가자고 떼를 쓰는데, 그 에너지를 감당하려면 홍삼 몇 근으로는 턱도 없었다. 어디 그뿐인가. 배 속에서부터 아이에게 양분을 다 주어 예전 같지 않은 뼈마디나 머릿결을 보면, 소년의 행복을 위해 자신의 모든 것을 내어 줬던 '아낌없이 주는 나무'가 떠올라 나도 모르게 서글퍼져 훌쩍이기도 했다.

때로는 생존의 문제에 가깝기도 했다. 수면습관이 잘 잡혀가던 중에도, 어느 날 밤에는 자다 깨서는 갑자기 고래고래 소리 지르며 허공으로 발차기 하이킥 신공까지 하며 우는 22개월 '일춘기' 아기는 도무지 감당이 안 되었다. 우선 졸린 눈을 비비며 일어나 심호흡을 했다. 징징대거나 우는 것으로밖에 표현할 수 없는 아이의 심정은 오죽 답답할까. '울고 싶을 땐 울어야지'라며 가까스로 마음을 다잡고는 몸부림치는 아이를 겨우 무릎 위에 앉혔다. 한참 어리광부리기 좋아하는 시기니, 눈을 바라보고 머리를 쓰다듬으며 마음을 읽어 주는 일부터 시작했다.

시기마다 아이의 발달이나 특징을 공부하고, 떼쓰고 울 때는 무엇을 원하는지를 알아내려고 애를 썼다. 아이를 이해하기로 마음먹고 공부를 하자 힘들기만 했던 육아가 어느새 달콤한 꿀육아로 변해 있었다. 하루가 다르게 커가는 아이의 모습을 눈에 넣기에도 바빴다. 이 어린 두 돌배기 아기도 마음을 읽어 주면 통할 수 있다는 것을 숱한 경험을 통해 체득하면서부터 조금씩 육아에 확신을 얻었다. 바로 '자기효능감self-efficacy'에 대한 이야기다. 심리학자 반두라Bandura의 이론으로, 자신의 행동이 어려운 상황에서도 기대한 결과를 얻을 수 있으리라는 능력에 대한 믿음이다. 이것은 육아에서도 마찬가지로 나타난다. 육아 효능감은 작은 성공의 경험을 거듭하다 보면, 또는 타인의 성공 경험이나 공부를 통해서도 더 나은 방향으로 개선해 나갈 수 있다. 배우자, 부모, 친구에게서 얻는 지지와 격려는 더할 나위 없이 훌륭한 촉매제다.

이 책은 행복한 육아를 준비하는 이들부터 현실적으로 시간이 많지 않은 육아인들을 위해 아이를 키우는 데 꼭 필요한 핵심 내용을 담아 구성하였다. 0~24개월 아기에게 꼭 필요하고 가장 실용적으로 쓰일 수 있는 7개 영역(신체, 인지, 사회정서, 감각, 예술, 기본생활, 언어)의 그림책과 오감 놀이 육아법을 소개한다. 또 교육학과 발달심리학 이론은 물론, 육아 효능감을 높이는 '엄마를 위한 마음가짐 워크시트'까지 아낌없이 담았다.

세트 구성

1 : 엄마를 위한 마음가짐

2 : 월령별 육아법

3 : 교육학과 발달심리학 이론

4 : 월령별 그림책

5 : 영역별 오감 놀이(신체, 인지, 사회정서, 감각, 예술, 기본생활, 언어)

육아가 너무 힘들 때면 누군가 "자, 여기 육아 종합선물세트야. 이론부터 실전까지 개월별로 쭉 챙겨 봐."라고, 마치 어릴 때 특별한 날 받았던 종합과자선물세트처럼 육아법을 선물해 주면 좋겠다고 생각했다. 독자들에게 이 책이 '헬육아'에서 벗어나 '꿀육아'로 한 걸음 나아갈 수 있도록 돕는 '육아 종합선물세트'가 되었으면 하는 바람이다.

'열혈 엄마'이기보다는 사실 알고 보면 '허당' 그 자체이지만, 부족한 엄마 아빠일지라도 아이를 키우는 일은 세상에서 가장 가치 있는 일임을 누구보다 잘 알기에 열성적으로 아이를 잘 키워내고 싶다는 마음으로 이 책을 썼다. 부모가 처음이라 아직은 서툰 독자분들도 저와 함께 똑똑한 육아를 할 수 있기를!

믿음으로 기회를 주고 항상 지지해 주는 존경하는 미디어숲 김영선 대표님, 그리고 책이 나오기까지 물심양면 지원을 아끼지 않고 도와준 모든 분께 진심으로 감사의 말씀을 드리고 싶다. 늘 부족한 점을 이해하고 메꾸고 감싸 주는 내 가족에게 지면을 빌려 사랑과 감사를 전한다.

저는 엄마 배 속에서 이제 갓 세상에 나온
슈퍼 땅꼬마 신생아예요.
모든 것이 다 신기하고 반짝여요.
눈이 부셔서 아직 앞을 제대로 보긴 힘들지만요.
하지만 느낄 수 있어요.
나를 따뜻하게 품에 안아 주는 사람이 누구인지,
이 고소하고 맛있는 냄새가 곧 내 배를 채워 줄 거란 것도요.
아빠, 좀 전에 부드러운 손길로 날 쓰다듬으며 제 이름을 부르셨죠?

아직 제대로 보이지 않지만, 흐릿하게 눈앞에
하얗고 까만 귀여운 토끼 모빌이 쉴 새 없이 움직여요.

"아가야, 보이니? 부지런히 보고 배우렴. 우리 함께 행복한 하루하루를 만들어보자."

엄마의 친절하고 다정한 목소리, 손에 쥐어주시는 보들보들한 촉감의 인형, 바스락거리는 재미난 소리… 세상은 정말 신기하고 즐거운 것들로 가득 차 있는 것 같아 기대돼요.

이 책은 아기가 세상에 태어나 엄마 아빠가 처음으로 겪는 일들에 도움을 드리기 위해 준비된 거래요.

요즘 제가 울거나 보채서 잠도 깊게 못 주무시고,
부엌 구석에 서서 급히 식사하시는 것도 알아요.
휴… 제가 세상에 처음 나와 아직은 서툴고 부족한 것투성인걸요.
앞으로 열심히 배워서 부모님 말씀 잘 듣고 효도할게요!

From. 세상에서 제일 소중한 우리 보물
(이라고 부르시는 걸 들었거든요!)

p.s. 엄마 배를 빵빵 차던 저는 곧 목을 가누고, 뒤집고, 기고, 걷고, 달리며 폭풍 성장할 예정이랍니다. 조리원에서 옆 친구가 울면 더 큰 소리로 울어 젖히며 철없이 굴던 제가 6개월만 지나도 쉴 새 없이 옹알옹알 이야기할 테니, 저의 눈부신 활약을 기대해 주세요!

아빠

어릴 때부터 분해하고 조립하는 걸 좋아하던 천생 공돌이. 서재에도 온통 기계와 컴퓨터와 관련된 '흰 건 종이, 까만 건 글씨'인 책들이 빽빽하게 꽂혀 있다. 하지만 엄마와 똥강예린 앞에서는 매일 정체불명의 춤을 추고, 육아 에피소드를 가사로 만들어 트로트를 부르는가 하면, 예린이 앞에서 재롱떠느라 바쁜 '육아빠'다. 잠투정하는 아기를 잘 달래고, 우스꽝스러운 표정을 지어 아기를 웃게 해 '육아 천재'라는 별명을 붙여 주었다. 잘나가다 가끔 엉뚱 육아 솔루션을 내놓곤 하는 '허당'이기도 하다. 하지만 누구보다 세상 완벽한 소중한 남편이자 속 깊은 아빠!

엄마

엉뚱하고 호기심 많은 초등학교 교사. 100개의 버킷리스트[사랑하는 사람과 봄날 야외 결혼식, 다양한 장르의 책(동화, 에세이, 육아서, 교육서 등) 출간하기, 독일 메르헨(동화)가도(街道) 여행, 하와이 화산 라바투어(lava tour), 부모님 유럽 효도 여행 보내드리기, '아빠랑 스위스' 자작곡 만들기, TV 퀴즈쇼 우승하기, 피아노 북 콘서트 열기 등]를 계획하고 하나씩 이뤄가는 중이다. 똥강아지 딸내미를 주인공으로 육아 에피소드를 담은 동요도 작곡 중이다. 머지않아 똥강아지 캐릭터의 그림책도 만들어볼 계획이다.

똥강예린

황금 개띠 해에 태어난 우리 집 똥강아지. 본명은 예린. 별명은 똥끼, 똥깡, 호기심 천국, 먹보 영재, SPJ(고구마를 좋아해 '스위트포테이토 정'의 줄임말) 등 다수다. 혀를 쏙쏙 내미는 표정이 특징으로, 일본 사탕 박스에 그려진 볼이 빵빵하고 혀를 날름 내미는 캐릭터 '페코짱'을 닮았다는 말을 자주 듣는다. 품에 파고들어 꼭 안아 달라고 올려다볼 때 애교 만점이다. 그림책 읽어 달라고 들고 올 때, 탭댄스 출 때, 졸릴 때 가슴팍에 고개를 묻고 볼을 비비는 모습이 사랑스러운 아기다.

차례

아기의 성장과 발달

"아기의 뇌, 몸과 마음이 날마다 자라요"

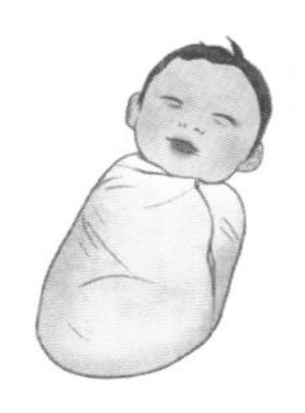

육아종합
선물세트
2교시

좋은 부모 되기

"아기는 왜 울고 떼쓸까?"

우리 아이 첫 그림책

"그림책과 친구가 되었어요"

내 아이를 위한 오감 놀이 육아법

"장난감이나 교구 없이도 재밌어요"

누구나 다 하는 임신, 출산인데 누군가는 유별나다고 할지도 모르겠다.
하지만 노심초사하며 열 달을 꽉 채워 출산할 수 있었던 것은
세상에 태어나 가장 감사한 일이었다.

행복한 육아를 위한 준비

'헬육아'가 시작된다고요?

어화둥둥 우리 아가, 아기 띠를 해 노래를 불러주면 품에 안겨 어느새 잠이 든다. 입을 살짝 벌린 채 미소 띤 얼굴로 잠든 아기를 바라보는 것은 말 그대로 꿀처럼 달콤하다. 만성 수면 부족에 허리는 끊어질 듯 아프지만 '꿀육아'라는 말을 쓸 수 있었던 건 이런 순간순간이 주는 행복함이 모여서일 것이다. 타이어 광고에 나오는 눈사람 캐릭터처럼 올록볼록한 팔뚝 살도 귀엽기 그지없고, 이유식을 떠먹이다 흘러내려 입가에 흰 수염 할아버지처럼 묻은 모습마저 그저 사랑스럽다.

아기는 하루 종일 바쁘다. 노래에 맞춰 춤추다가, 동네 똥강아지 쫓아다니다가, 목욕물에서 한참을 물 튀기고 물장난 치며 바쁘게 보낸 하루에 무척이나 피곤했나 보다. 내 품에 안긴 아기의 볼을 살살 만져 주다 손짓을 한 번 하면 내가 마치 샤랄라 가루를 뿌리기라도 한 양 스르르 잠이 든다. 그 모습을 보고 남편이 엄지손가락을 치켜세우면 대단한 능력자라도 된 듯한 기분이 되곤 한다.

그러다 어느새 눈을 떠 뽀뽀해 달라고 양쪽 통통한 볼을 차례로 갖다 대는 모습에 세상을 다 얻은 것만 같다. 저렇게나 작은 입으로 무언가 오물오물 끊임없이 먹는 것도 신기하기만 한데… '헬육아'라니! 모유와 분유를 거쳐 이유식 재료를 단계별로 먹는 것도 오물오물, 모든 것이 신기하기만 하다. 발달 시간표대로 목에 힘이 생겨 고개를 드는 것도, 처음엔 낯설어하던 빨대 컵을 쪽쪽 빨아 마시는 것도 놀랍기만 한데, 이렇게 예쁜 아가에게 어울리지 않는 단어 같았다.

낮잠 잘 때마다, 밤잠 들 때마다 잠투정을 하는 게 힘들었지만 사랑을 듬뿍 주고 안아서 재울 수 있는 것마저도 그때뿐이라 생각하니, 아기를 재우며 곁에서 보내는 이 시간이 너무나 예쁘고 소중해 언젠가 추억이 될 것 같다. 아니나 다를까, 첫돌 지나 그림책을 읽고 자장가를 들려주다 옆에서 함께 잠드니 재우기가 한결 수월해졌다. 놓칠까 예쁜 모습을 눈에 담기에 바쁘다.

하지만 고백한다! 늘 이랬던 것은 결코 아니다. 부족한 것투성인 엄마이지만, 남들보다 조금 늦게 얻은 아이가 그저 예쁠 뿐이고, 조산 위험을 딛고 출산한 경험이 오히려 육아 행복도를 좀 더 높이는 데 영향을 주었기 때문이지 않을까.

얼마 전 영국과 독일의 한 연구에서 늦맘later motherhood들이 임신·출산 과정에서 겪는 어려움이나 체력적 불리함을 딛고 오히려 산후우울증 위험도가 낮을 뿐 아니라 육아 행복도가 더 높다는 흥미로운 결과가 나왔다. 아이를 낳기 전과 후, 그리고 아이가 청소년으로 자란 후까지 추적·관찰해 본 결과, 젊을 때 아이를 낳은 엄마보다 아이와의 친밀감이 높고 부정적 훈육보다 긍정적 상호작용을 통한 육아를 많이 한 것으로 전문가들은 분석했다.

18~22세의 젊은 엄마들은 첫 아이를 낳은 후 행복도가 급격하게 떨어지다가

서서히 좋아지는 양상을 보인다. 반면, 35~49세에 첫 아이를 낳은 엄마들은 출산 후 행복도가 훨씬 높아질 뿐만 아니라 행복감도 더 오래가는 것으로 확인되었다. 이 결과는 늦게 아빠가 된 경우에도 마찬가지였다.

여성의 연령별 첫아이 출산 전과 후 행복도 비교

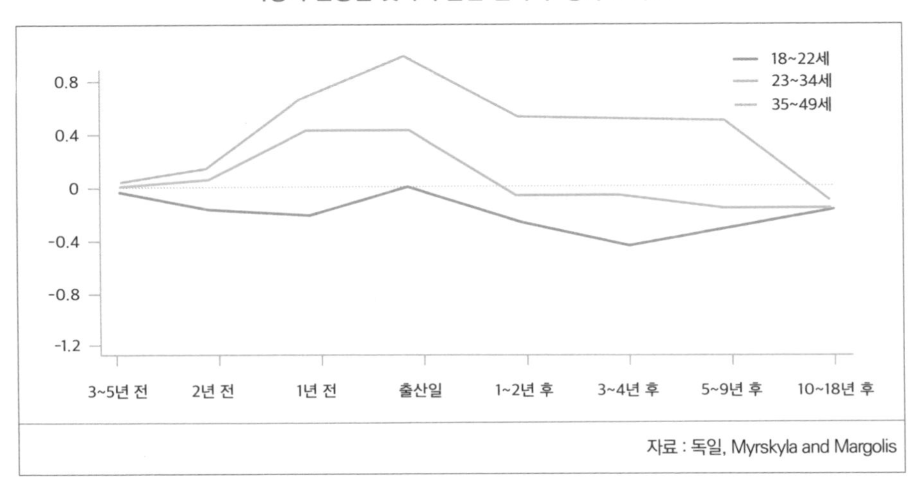

자료 : 독일, Myrskyla and Margolis

"아기가 태어나는 순간 헬육아 시작이에요. 지금을 즐기세요."

"저 어쩌죠? 이제 내일이면 조리원 퇴소, 헬육아 시작이에요. 두려워요."

"아기가 걷기 시작하면 그때 진짜 헬육아가 시작될 거야."

많은 이들이 너무나 쉽게 말하는 '헬육아'. 하지만 이를 하고 싶어도 하지 못하는 사람들에게 육아는 꿈과 같은 단어다. 간절히 원하지만 아직 아이를 갖지 못했거나, 임신 출산 과정에서 큰 어려움을 겪은 이들에게 말이다.

우리 부부 역시 예외가 아니었다. 아무리 만혼이 대세라지만, 30대 중반에도 아기가 생기지 않으니 나이에 대한 부담이 날로 커져만 갔다. 결혼하고 2년째 아이가 생기지 않았다. 매달 배란 테스트기와 임신 테스트기의 노예가 되어 "두 줄 나와라, 얍!" 초조한 마음으로 주문을 걸기도 하고, 착시 현상이 아닌지 눈을 비비고 위에서 한 번, 아래에서 또 한 번 수차례 번갈아 보았다. 보일락 말락 한 옅디옅은 시약선을 임신을 뜻하는 두 줄이 아니냐며 억지로 우기면서 상상임신 놀이(?)하기도 어느덧 수개월째. 말은 이렇게 하지만 매달 희망 고문이 따로 없었다.

'헬.육.아!'

세 글자를 들을 때마다 남들은 '헬hell'이라 부르는 그걸 너무나 하고 싶었다. 하지만 임신 테스터기는 단호하게 한 줄이었다. 한번은 틀림없이 임신인 줄 알고 기쁜 마음에 병원으로 달려갔지만 피검사 수치가 정상적으로 오르지 않아 임신을 이어가기 어렵다고 말했다. 알고 보니 애초에 착상이 제대로 이루어진 것이 아니었고, 임신이나 유산으로 포함되지도 않는 화학적 유산일 것으로 추정된다고 의사가 말했다. 월경으로 모르고 넘어갈 법한 흔한 증상인데, 기다림이 길었던 터라 임신으로 착각한 것이다. 그날 병원 앞에서 건강에 좋다는 매생이 굴 국밥을 사 먹는데, 배가 산만큼 불러 허리를 짚으며 지나가는 산모들을 보니 그렇게 부러울 수가 없었다. 그렇게 2년간 아기를 기다리면서 뉴스에서 영아를 돌보지 않아 생긴 사고를 볼 때면, 그리고 주변에서 아픈 아이들의 이야기를 들을 때면, 내 일처럼 마음이 찢어질 듯 아팠다. 그래서 매일 이렇게 기도했다.

"삼신할머니, 아기가 간절한 사람들에게 꼭 좋은 소식을 들려주세요. 저희 집도 절대 빼먹으시면 안 돼요."

그러다 수개월이 지난 어느 날, 소파에 앉아 있다가 깜빡 낮잠이 들었는데 꿈에 햇살이 환히 내리쬐는 숲속에서 아이 둘이 나무 사이사이를 뛰어다니며 해맑게 웃는 소리가 들려왔다. 여자아이가 웃으며 내 허리춤에 꼭 안기고 조금 떨어진 곳에서 남자아이 웃음소리가 잔잔하게 울려 퍼지는 것이었다. 이건 필시 태몽이라는 생각이 들었다.

아니나 다를까, 화장실로 달려가 보니 옅으나마 다른 때와 달리 떡하니 나타나는 게 아닌가! 하루에도 두세 번씩 다른 테스터기로 확인 또 확인했다. 날이 지날수록 점점 더 색이 짙어져 가는 게 확연히 보였다.

처음 배 속 아기의 심장 뛰는 소리를 들었던 날, 초음파 사진에서 꼬마 젤리 곰을 본 날, 정기검진 갈 때마다 얼굴, 팔, 다리를 하나하나 확인하며 아이의 존재를 느낄 때마다 충만한 행복을 느꼈다. 너무도 기쁜 마음에 태교와 출산, 육아를 위한 책들을 사들였다. 그리고 임신 기간 내내 끼고 살며 이런 말들을 나만의 주문처럼 외며 지냈다.

- 아기에게 엄마는 온 우주와 같다.
- 아직 아무것도 모르는 아기는 절대적으로 어른의 도움이 필요하다.
- 육아는 반복되는 일상을 견뎌내는 힘이 전부라 해도 과언이 아니다.
- 육아는 헬이 되어서는 안 된다. 아기와 나 자신, 가족 모두를 위해 '꿀육아'를 하자.
- 힘들 때면 가족들이나 주변에 적극적으로 도움을 요청하거나, 자신만의 방식을 찾는 것이 좋다. 임신 때부터 미리 생각해 두면 금상첨화다.

천신만고 끝에 감사하게도 자연 임신으로 아기를 갖게 된 후에도, 아기를 잃으면 어쩌나 늘 노심초사하는 마음이었다. 임신 초기엔 유산방지 주사까지 맞아가며 조심 또 조심해야만 했다. 그 시기를 간신히 넘기고 나서도 '된.장.찌.개' 글씨만 봐도 니글거리던 입덧의 산이 있었고, 안정기인 임신 중기에 도달하는가 했더니 더 큰 산이 기다리고 있었다.

임신 23주, 특별한 증상도 없었건만 정기검진에서 경부길이가 줄어들고 있다는 사실을 알게 되었다. 의사는 조산하거나, 심하면 아기를 잃을 위험이 있으니 임신 기간 내내 주의해야 한다며 누워 지내라 했다. 임신만 하면 끝일 줄 알았는데 청천벽력 같았다. 이런 상황이다 보니, '헬육아'라 말하는 사람들이 여전히 부럽기만 했다.

"경부 길이, 2cm 더 줄었네요."
"네? 이 시기에 많이 짧은 편 아닌가요?"

나는 겁에 잔뜩 질려 떨리는 목소리로 물었다. 하지만 냉정할 정도로 담담한 의사의 대답이 돌아왔다.

"뭐, 더 짧은 경우도 저흰 워낙 많이 봐서요."
"그럼 어떻게 되는 건데요?"
"예정보다 일찍 나오는 거죠. 인큐베이터 잘 되어 있는 더 큰 병원으로 그때 옮기실래요? 지금 결정하세요."

제발 그 말만은 아니길 간절히 바라는 마음이었건만, 표정 없는 종합병원 의사의 말에 당장 이 병원을 뛰쳐나가 다른 방법을 찾아야 한다는 생각뿐이었다. 한참도 못 자고 검색하고 알아본 끝에 이 분야 명의로 알려진 박문일 교수님께로 향했다.

그리고 바로 다음 날 자궁경부무력증 수술 일자를 잡았다. 보기와 달리 유달리 겁이 많아 수술대에 오르는 건 너무나 두려웠지만, 아기를 지키려면 다른 선택지가 없었다. 그나마도 25주까지는 수술할 수 있는 마지막 기회였으니, 만약 조금만 더 늦었더라면 어떡할 뻔했나 지금 생각해도 아찔하다.

유산은 임신 20주 전에 태아가 자궁 밖으로 나오는 것으로 많이 알려져 있는 반면, 임신 37주 이전에 예정일보다 일찍 아기를 낳는 조산에 대해서는 잘 알려지지 않았다. 의학적으로 신생아 체중이 2,500g 이하일 때 저체중아라고 하는데, 임신 37주 이전에 예정일보다 일찍 아기를 낳게 되는 조산은 여러 면에서 위험하다. 가장 심각한 상황에는 아기의 목숨을 지키지 못할 수도 있고, 태어나도 각종 합병증 발생 위험이 커지는데, 임신 24주 이전의 조산은 뇌성마비, 정신박약 등 뇌신경학적 장애를 일으킬 수 있다. 이런 위험에서 벗어나려면 적어도 임신 24~26주가 지나서 아기가 태어나야 한다. 의학계가 조산아의 건강 상태를 향상시키는 데 필요한 최소한의 임신주수를 26~28주, 출생체중을 750~1,000g 이상으로 보는 이유도 이 때문이다.

가족의 도움으로 임신 기간 내내 누워 지내며 조산의 위험을 딛고 아기를 끝내 지켜냈다. 누워 지내다 보니 아무것도 하지 못한 채 베갯잇이 눈물로 흥건해지는 날도 많았다. 하지만 어려움 속에서도 끼니마다 소고기국밥이나 미역국을 말아 입에 넣어 주고 집안일을 도맡아 해 준 자상한 남편 덕에 오히려 지금은 아련한 추억으로 남았다. 누워 지내면서도 핸드폰으로 글감을 모으고, 많은 책을 읽고 이 책을 쓸 수 있었던 일 또한 감사하다.

누구나 다 하는 임신, 출산인데 누군가는 유별나다고 할지도 모르겠다. 하지만 노심초사하며 열 달을 꽉 채워 출산할 수 있었던 것은 세상에 태어나 가장 감사한 일이었다. 이렇게 어렵게 얻은 첫 아이니 얼마나 감사하고 더 이뻤겠는가. 동탄제일병원 박문일 주치의 선생님 덕분에 다행히 간신히 버티고 또 버텨 소중한 생명을 얻게 되었다. 아기를 처음 품에 안았을 때, 작고 연약한 이 아기가 내 실수로 혹여나 바스러지지는 않을까 싶어 손이 떨렸다. 열 달간 배 속에서 꼼지락대던 게 정말 너였던지 태명을 부르며 재차 물었다. 대박이… 유명 축구선수 아들 이름 아니냐는 말도 많이 들었지만, 아기를 만날 확률을 따져보니 '만남 자체가 기적'이라는 의미에서 지은 태명이었다.

아기 천사를 만날 수학적 확률

세계 인구를 70억이라 하면 그중 남녀가 반반, 아빠는 35억 명 중 하나, 엄마도 35억 명 중 하나다. 이 둘이 서로 만나 사랑할 확률을 계산해 보면 (아빠가 엄마를 사랑할 확률)×(엄마가 아빠를 사랑할 확률), 즉 (35억분의 1) x (35억분의 1)이다.

아기는 아빠의 정자와 엄마의 난자가 만나야 태어날 수 있다. 아빠 몸속에 있는 정자는 2~5억 개다 보니, (엄마의 난자와 만날 확률)은 최소 (2억분의 1)이다. 엄마 몸속에 있는 난자는 300~500개 정도인데, 그중 우리 아기가 될 (하나의 난자를 만날 확률)은 300분의 1 정도 된다.

아빠와 엄마가 결혼해 우리 아기를 만날 확률은 (아빠가 엄마를 사랑할 확률)×(엄마가 아빠를 사랑할 확률)x(엄마의 난자와 만날 확률)x(하나의 난자를 만날 확률), 수로 나타내자면 (35억분의 1) x (35억분의 1) x (2억분의 1) x (300분의 1)이나 된다. 로또 복권에 당첨될 확률보다도 훨씬 어려운 일이라니, 천사 같은 아기를 만난 건 기적이라고 표현할 수밖에 없겠다.

출처 : 박문일 〈아기 뇌가 즐거운 감성 뇌태교 동화〉

스무 살의 결심, 준비된 '늦맘' 되기 프로젝트

"한 해 동안 아이들과 '함께 성장'하는 교사가 되겠습니다."

요즘 부쩍 스물다섯에 첫 담임을 맡았던 해가 떠오른다. 학부모 총회에서 나는 학급 운영계획을 밝히며 이렇게 말했다. '함께 성장'이라는 말은 아이에게도, 어른에게도 의미가 있다. 인간의 발달은 평생에 걸쳐 이루어지기 때문이다. 결혼 전이었던 그때, 훗날 내 아이를 키우게 될 때도 같은 마음가짐이어야 하리라 생각했다. 아이가 사랑스러운 만큼 엄마도, 교사도 스스로 자신을 사랑하면서 성장해 간다는 사실을 잊지 말아야겠다고 생각했다.

사실 이런 생각을 하게 된 건 대학생 때로 거슬러 올라간다. 육아로 인해 생긴 '여성의 경력단절'이라는 안타깝고 속상한 말을 심심치 않게 들을 때마다 어린 마음에 나는 이렇게 생각했다.

'육아를 시작하게 되었을 때, 실질적으로 맞닥뜨릴 삶의 변화에 흔들리지 않도록 준비를 충분히 해야겠다.'

20대 어느 날 일기장에 써둔 문구였다. 하고 싶은 일이 많고, 앞날에 대한 포부도 넘쳤던 때였기에 더더욱 그러했다. 그리고 이런 생각을 굳히게 된 결정적 계기가 있었는데, 좋아하던 한 작가님이 라디오 프로그램에서 자신의 일과를 공개하는 걸 듣고서였다. '글 쓰는 시간을 일정하게 확보하기 위해 가족의 도움을 받건, 무슨 수를 써서라도 그 시간만큼은 자기 일에만 집중한다.'는 것이었다. 가장 집중이 잘 되는 시간을 확보해 그 시간에는 소재를 모으거나 글을 쓰고, 대신 아이와의 시간을 충만하게 보내기 위해 노력한다고 했다.

그녀의 이야기는 나에게 두고두고 여운을 남겼다. 결혼하고 육아를 하는 일이 결코 만만치 않은 현실임을 깨닫게 하는 말이었기 때문이다. 그저 낭만적으로 '좋은 가정을 일구는 것이 무엇보다 중요하다.'라는 생각만 해서는 안 되었다. 아이를 낳아 키우는 일은 그 어느 하나도 그저 이루어지는 것이 아니었기 때문이다.

현실적으로 너무 어린 나이에 임신하거나, 몸과 마음의 준비가 되지 않은 상태에서 육아를 시작하게 되면 당장 눈앞의 생활에 급급해져 "제일 예쁠 때 더 많이 사랑해 주고 챙겨 주지 못한 걸 나중에 후회하게 된다."는 말을 주변에서 제법 자주 들었다. 물론 어려운 현실 속에서도 하나씩 배워가며 성장해 가는 경우도 있겠지만, 준비되지 않은 육아는 일 욕심이 많은 나의 경우에는 더더욱 피해야 할 일이라 생각했다. 그것은 아이에게는 물론, 가족 모두에게도 행복한 선택이 아니라고 판단했기 때문이다.

준비된 늦맘 되기 프로젝트

- 친구들이 일찍 결혼한다고 해서, 등 떠밀리듯 결혼 시기를 정하지는 않아야겠다.
- 내가 꿈꾸는 배우자를 만나기 전에는 결혼하지 않겠다.
- 30대 초반 하고 싶은 일을 최대한 다 해보고 기반을 다진 후 결혼할 것이다.
- 100권 이상의 교육학, 심리학, 육아와 관련된 책을 읽자.
- 육아로 인해 경력단절이 되지 않도록 철저히 준비할 것이다.
- 아기를 낳고 나서 집에서도 할 수 있는 일들(책을 쓰거나, 강연, 온라인 콘텐츠를 만드는 일 등)의 기반을 만들어 두자.
- 산후우울증이 오지 않도록 미리 관리한다.

지금 보면 아무것도 모르면서 뭘 안다고 저런 다짐을 다 써 놓았을까 쑥스러움이 밀려온다. 그럼에도 공개하는 이유가 있다. 육아에 있어선 직접 겪어 보아야만 알 수 있는 것들이 분명 많음에도 불구하고, 미리 어느 정도 마음의 준비를 단단히 하고 있었던 것은 실제로 육아 후에 크고 작은 도움이 되었기 때문이다.

결혼을 하고 몇 달 지나지 않아, 이화여대 유아교육과 박은혜 교수님을 뵙게 되었다. 교육부와 EBS가 주최한 전국 학부모 토크 콘서트 강연회에 교사 패널로 참여한 적이 있는데, '4차 산업혁명 시대 올바른 부모의 역할과 교육의 방향'에 대한 주제였다. 교수님은 강연장에서 학부모들을 향해 이렇게 말씀하셨다.

“지금이야 시집 장가 다 보냈지만 그때 생각하면 어떻게 그 시간을 견뎌냈는지 까마득해요. 육아는 신체적으로나 정신적으로 정말 힘들죠. 엄마는 누구나 처음 해보는 것이고, 누가 알려 준다고 한들 직접 겪어봐야만 아는 것들이 많으니까. 그렇지만 요즘 젊은 엄마들이 ‘헬육아’라고 말하는 건 들을 때마다 이상하게 어딘가 불편해져요. 아기가 얼마나 귀한지, 육아가 주는 기쁨의 순간순간에 대해서도 더 많이들 말해야 하지 않을까요?”

그때 꼭 그렇게 하겠노라고, 나는 ‘헬육아’ 말고 ‘꿀육아’, ‘파라다이스 육아’하겠노라고 수없이 다짐했다. 이다음 아기를 낳으면 꼭 행복한 마음으로 육아하겠다는 각오를 다졌던 순간이었다. 육아는 체력소모도 크고, 무엇보다 아이의 기질에 따라 대처하기 힘든 다양한 상황들과 부딪히는 일이다 보니 누구에게도 결코 쉽지 않은 일이다. 그럼에도 ‘육아가 헬이 되지 않도록’ 하려면 많은 준비가 필요하겠다는 생각을 오랜 시간 했다. 그리고 아이를 낳아서 키우는 기쁨과 보람에 대해 말하는 사람이 되자고 마음먹었다.

첫 모유 수유,
'현타'가 왔다

"…네가 대박이니?"

모유 수유를 하는 순간을 상상한 적이 있다. 우아한 클래식이 배경음악으로 흐르고 숭고하고 고귀할 줄 알았다. 막상 현실로 닥치고 보니 생각했던 것과는 180도 달랐다. 그것도 출산 후 신생아실에서 첫 모유 수유를 하기 위해 부푼 마음을 안고 왔는데 머리를 한 대 맞은 듯했다. 그동안 상상했던 희고 통통한 아기의 모습이 아니었다. 열 달간 양수에 불어 쭈글쭈글한 데다 귀도 펴지지 않고 이제 갓 태지만 떼어 낸 붉은 얼굴의 못난이 아기가 쉴 새 없이 빽빽 울어댔다. 살결이 하얗고 뽀송뽀송하며 포동포동 살이 찐 귀여운 천사 미소를 떠올렸건만 현실은 너무도 달랐다. 분만실에서 잠깐 안아 보았을 땐 미처 보지 못했던 모습이 하나하나 눈에 들어왔다. 그렇게 수년간 몸과 마음을 다졌건만, 나에게 '현실 자각 타임'이 찾아왔다. 그것도 너무나 빨리. 어찌할 바를 몰라 허둥대고만 있었다.

돌이켜보면, 이것은 나만이 가진 어려움은 아니었다. 미국에서 인지와 언어발달을 공부한 장유경 박사도 예외는 아니었다고 한다. 젊은 시절 공부와 육아를 병행하면서 전쟁하듯 두 아들을 키우다 보니 '아이들이 어릴 때 마음 편하게 놀아주지 못한 것을 가장 아쉽게 생각한다'고 고백할 정도이니.

> 요즘은 아기만 보면 입가에 절로 엄마 미소가 번지지만 내가 첫아이를 낳았을 때는 정말 우울했다. 아기는 쭈글쭈글하니 예쁜 줄도 모르겠고 무엇보다 시도 때도 없이 빽빽 울어대니 초보 엄마는 당황스러워 어찌할 바를 몰랐다. 아기는 밤낮없이 먹고 자고 울기만 하는 것처럼 보였지만, 나중에 박사과정 공부를 시작하고 나서야 알게 되었다. 그 2년 동안 아이에게 엄청난 발달이 일어나고 있었다는 것을!
>
> -〈장유경의 아이 놀이 백과(0~2세)〉-

"이번에 배울 모유 수유 자세는 풋볼 자세입니다."

간호사의 설명이 귀에 들어오지 않았다. 아까부터 이 자세 저 자세 시도해 보고는 있지만, 정작 아기가 젖을 물지 못하니 마음만 조급해졌다. 분명 책에서도 보았던 자세였는데 이론과 현실은 완전히 달랐다. 어떻게든 아기가 젖을 물기만을 기다리며 허둥대던 때, 옆자리에 있던 둘째를 낳은 엄마는 미리 준비해 온 유두 보호기와 쭈쭈 젖꼭지를 꺼내 척하니 물리고는 능숙하게 직수를 시도하는 것이었다.

모유 수유에는 두 가지 방법이 있다. 직접 젖을 물리는 직수 방식과 유축기를 이용해 모유를 짜내 보관해 둔 후 먹이는 방식이다.

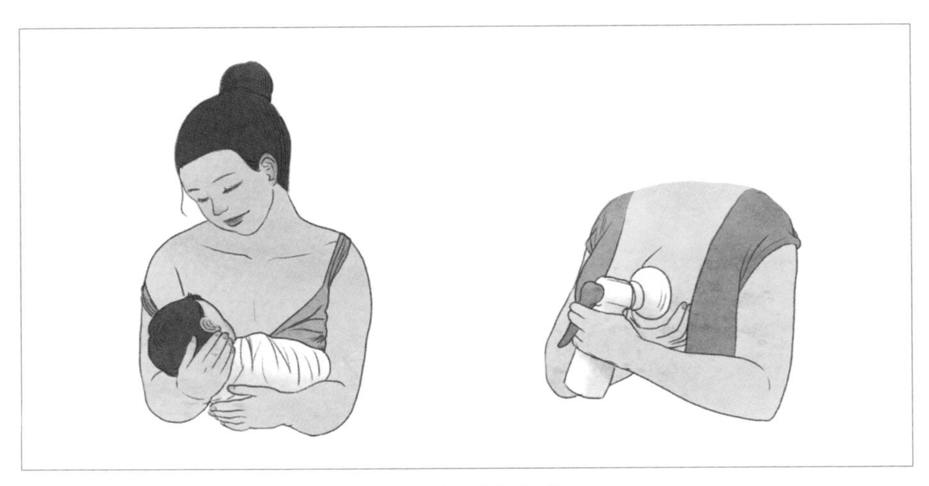

직수 방식과 유축기 방식

원한다고 누구나 다 모유 수유를 할 수 있는 것은 아니다. 모유량이 적거나 아기가 젖을 잘 물지 못해서 정작 모유 수유를 할 수 있는 비율은 생각보다 그리 높지 않다. 출산에서 6개월까지 완전 모유 수유의 비율은 18% 정도다. 이는 다섯 명 중 한 명도 안 되는 비율이다. 그 이후로는 모유 수유의 비율이 더욱 떨어진다.

이러한 수치에 대해 그저 산모의 의지나 노력의 부족 정도로 알았지만, 경험해 보니 꼭 그런 것만은 아니었다. 아기 입장에서는 젖병에 비해 직수가 60배 이상 빨기가 어려워 울며 겨자 먹기로 유축을 택하는 산모들이 많다는 사실도 경험해 보기 전에는 알 수 없었다. 책이나 미디어에서 '모유 수유의 숭고함이나 장점'에 대해서만 떠드는데, 모유 수유를 해주고 싶어도 할 수 없어 가뜩이나 속상한 엄마들에게 그 책임을 물어 죄책감만 들게 하는 보도가 과연 온당한가 의문이 들었다.

아기를 수유 쿠션에 턱 하니 눕혀 능숙하게 모유 수유를 하는 다른 산모들의 모습을 보다 보니, 나도 모르게 '헬육아 시작인가?' 하는 생각이 뇌리를 스쳤다. 하지만 '힘들다', '막막하다', '헬'이라 입에 담으면 내가 그 말에 갇혀버릴 것만 같아서 애써 현실을 외면했다.

병원에서 간신히 초유를 먹이고 난 후에도 여전히 직수에는 성공하지 못했다. 조리원으로 옮겨서도 새벽부터 3시간마다 수유 콜이 오니, 이건 온전히 쉬는 것도 아니었다. 아기가 젖을 잘 물지 못하니 제때 먹이지 못해 설상가상으로 젖몸살까지 왔다. 몸에서 모유가 만들어지는 양이 아기가 먹는 양을 초과하다 보니 생기는 가슴 통증이었다. 온몸에 열도 나기 시작했다. 병원에서 조리원으로 옮겨서도 참을 수 없는 통증으로 찜질과 마사지를 받지 않고는 살 수가 없었고, 신랑은 인터넷을 뒤져 젖몸살을 가라앉히는 데 좋다는 양배추를 구해 왔다.

"이래서 사람들이 헬육아라고 하는구나… 꿀육아는 무슨…."

너무 아파서 침대에 누워 엉엉 울면서 말했다. 2주는 육아에 대해 제대로 알아가기엔 턱없이 부족한 시간이라 아픈 몸을 추스르기에도 바빴다. 어정쩡한 상태로 시간이 흘렀다. 그러다 조리원 퇴소를 앞둔 마지막 날 밤엔 정말이지 마음이 심란했다.

당장 내일 집에 돌아가서 모유 수유를 하고, 분유를 챙겨 먹이고 꼭 트림을 시켜야 하고, 젖병 열탕소독도 해야 했다. 해야 할 일 목록은 끝이 없는 듯 보였고, 그나마 수월하다는 기저귀 가는 일조차 서투르니, 응가 씻기기, 목욕시키기는 엄두조차 나지 않았다. 조리원 에이스 선생님께 속싸개 매는 법까지 특별 속성 수업을 받았지만 자신이 없었다.

그런 나를 웃게 해 주려고 신랑은 인터넷에서 찾았다며 작자 미상의 글을 읽어 주었다.

보드라운 개털머리,
킁킁 달짝지근한 숨 내와
토내 나는 분유 냄새,
목덜미 시큼한 땀내,
튀어나온 뒷목 살과 오동통 볼,
엄지손톱만 한 혓바닥과
이 없는 민둥 잇몸…

어쩜 신생아를 이토록 잘 고찰했을까 싶어 잠시나마 웃음이 났다. 그때 마침 모자동실(모아母兒 모두 건강한 경우 분만 직후부터 모아가 함께 있을 수 있는 방) 시간이 되어 우리 똥강아지가 방으로 왔다. 마지막 날인 걸 알았던 걸까. 아기는 그날따라 큰 눈을 동그랗게 뜨고 우리를 번갈아 쳐다보았다.

"ㅎㅔㄹ…. 헬로우?"

그 맑은 눈망울에 내 마음을 들킨 것만 같아 미안한 마음이 들었다. 얼른 헬육아라는 단어를 집어넣고는 인사말로 대신했다. 그리고 '보드라운 개털머리'와 '오동통 볼'이 있는 아가와 눈을 맞춘 후 꼭 안아주었다. 있는 힘껏 입꼬리를 끌어올리며 웃음을 보였다.

‘세상에… 내가 무슨 생각을 한 거야. 이 아기는 우리만 믿고 세상에 나와 이렇게 우리만 보고, 우리만 기다리고 있는데! 이렇게 사랑스러운 아기 돌보는 일을 어떻게 그렇게 표현할 수 있겠어?’

하지만 꿀육아 지망생(?)의 첫 번째 위기는 그저 예고편에 불과했다.

매 순간 결정 장애를 부르는 출산과 육아

육아를 직접 해보지 않으면 피상적으로밖에 이해할 수 없다. 갓 출산한 후 겪어야 하는 일들은 그전에는 상상하지 못했던 것들이다. 그간 겪었던 일들을 바탕으로 모든 산모에게 주어지는 결정의 순간들을 재구성해 보았다. 그 길을 따라가다 보면, 출산과 육아에서 해야 하는 고민을 조금은 더 이해할 수 있을 것이다. 현재 진행형으로 이 일을 경험하는 이들에게는 나만의 고민이 아니라는 점에서 동병상련을 느낄 수 있지 않을까.

"육아는 ______________ 다."

빈칸에 어떤 말을 적을 수 있을까. 육아는 매 순간 결정 장애 찰나들의 합이라고 말하고 싶다.

출산 후 몸을 추스르기도 힘들지만 산모는 모유 수유, 분유 수유, 혼합 수유 등 어떤 식으로 수유할지 선택해야 한다. 모유 수유는 원한다고 다 할 수 있는 것이 아니라 아기와 팀플레이가 잘 맞아야 하며, 할 수 있더라도 풋볼 자세, 교차 유람식, 깊이 젖 물리기 등 어떤 자세로 수유할지도 공부해야 한다.

출산 후 나오는 초유를 한 방울도 놓치지 않기 위해 직수를 하거나, 산모의 컨디션이나 상황에 따라 유축을 해야 할 수도 있다. 조리원에서는 새벽부터 3~4시간 주기로 수유 콜이 오니 모유 수유를 할 것인가에 대한 여부를 때때마다 선택해야 하고, 직수와 유축 중 어느 것을 선택하느냐에 따라 중간에 가슴 마사지 스케줄도 달리 정해야 한다.

젖몸살이라도 앓으면 어떤 관리를 받아야 하는지도 알아봐야 하고, 아기가 젖을 잘 물지 않으면 국제모유수유전문가라 불리는 고수들을 직접 찾아 나서거나 어떤 종류의 보조도구를 활용해야 할지 정한 후 임상도 직접 해보아야 결정할 수 있다. 미치도록 커피를 마시고 싶은 날에는 디카페인이라도 먹어 볼까 하는 욕구와 자제 사이에서 갈등하기도 하며, 먹고 싶은 음식이 생겨도 인터넷에 검색해 보거나 책을 찾아보고 괜찮다고 검증되어야만 안심하고 먹을 수 있다. 매 끼니 뭘 먹어야 아기에게 좋고, 산모의 입맛에도 맞을지 고민의 연속이다.

수유할 때 나에게 맞는 수유 쿠션도 찾아야 하는데, 쿠션의 파인 부분에 허리를 넣어 사용해 착용 및 탈착이 쉬운 C자형, 매트가 평평하고 단단한 대신 매번 허리 벨트 탈착을 해야 하는 D자형 중 어떤 쿠션을 쓸 건지도 정해야 한다.

분유 종류는 또 얼마나 다양한지, 국내산이면 그나마 전국 택배로 구입이라도 가능하지만, 해외직구면 항공배송료를 포함한 사이트별 가격 비교는 물론 배송일자까지 꼼꼼하게 체크해야 한다. 어렵사리 선택한 분유를 먹고 아기가 분수토(갓난아기들이 토하는 것)라도 한번 하는 날에는 두려움에 벌벌 떨며 이 분유 저 분유를 이용하는 분유 유목민이 되기 쉽다.

기저귀 역시 중요한 고민이다. 누구나 처음엔 천 기저귀를 쓰고 싶어 하거나 시도해 보지만 워낙 손이 많이 가 엄두가 안 나는 게 현실이다. 믿고 쓰던 국내 모 기저귀 브랜드에서 흡수체가 나오고 아기 엉덩이에 발진이 일어나 속상한 마음에 기저귀 회사에 전화한 적이 있다. 본사에서 회수해 자체 조사해 본 결과 불량제품인 것을 인정하였으나 무성의한 태도로 일관했고, 수차례 항의한 끝에야 새 기저귀 한 팩만 덜렁 안겨 주고는 정 억울하면 국가 기관에 품질에 대해 이의 신청을 하라는 것이 조치의 전부여서 크게 실망하고 속상했던 적이 있다. 이후 다시 발품을 판 끝에 유럽에서도 기준이 엄격하고 깐깐하기로 유명한 독일 친환경 기저귀를 만났다. 다른 제품들과는 달리 석유화학 물질 냄새도 전혀 없고, 프린팅도 없는 순면이라 좋았다. 이제 고민은 끝난 줄 알았는데, 완벽한 이 기저귀가 아직 팬티형은 나오지 않아 불편을 감수해야 했다.

이유식은 만들어 먹일까, 사 먹일까. 어떤 선택을 하느냐에 따라 브랜드 정하기, 받을 요일과 횟수 정하기 혹은 재료 공수, 이유식 조리기, 매끼 식단 고민으로 이어진다. 미세하게 들여다보자면 이유식을 먹일 숟가락 브랜드, 숟가락 크기와 재질까지 두루 살펴보아야 한다.

예방접종은 아이의 건강과 직결되어 있어 가장 중요한 선택사항 중 하나다. 아이들에게 흔한 로타바이러스 장염을 예방하기 위한 백신은 2, 4개월에 걸쳐 2회 접종하는 로타릭스와 2, 4, 6개월에 걸쳐 3회 접종하는 로타텍 두 가지가 있다. 또 일본뇌염 주사는 생백신과 사백신 중에서, 독감예방주사는 3가와 4가 중에서 선택할 수 있다. 미리 결정해서 가지 않으면 간호사의 안내를 받고는 어떤 것으로 선택해야 할지 소아과 접수대 앞에서 망설이는 시간이 길어진다.

예방접종과 관련해서 맘 카페를 떠들썩하게 했던 BCG 백신 사건도 있었다. 태어난 지 한 달 된 영아가 맞는 경피용 BCG 백신에서 비소가 검출된 사건이다. 뉴스가 터지기 불과 며칠 전, 보건소에 들렀다가 기존 주사형의 피내용으로 운 좋게 맞혔던지라 '다행이다' 하면서 놀란 가슴을 쓸어내린 일이 나에게도 있었다. 이 사건 직전까지만 해도 아이 팔에 흉터가 남지 않는 도장형BCG 백신이 대세였기 때문이다. 아무 말도 못 하는 아기의 건강을 매번 이렇게 운에 맡겨야 하는 건가 싶었다.

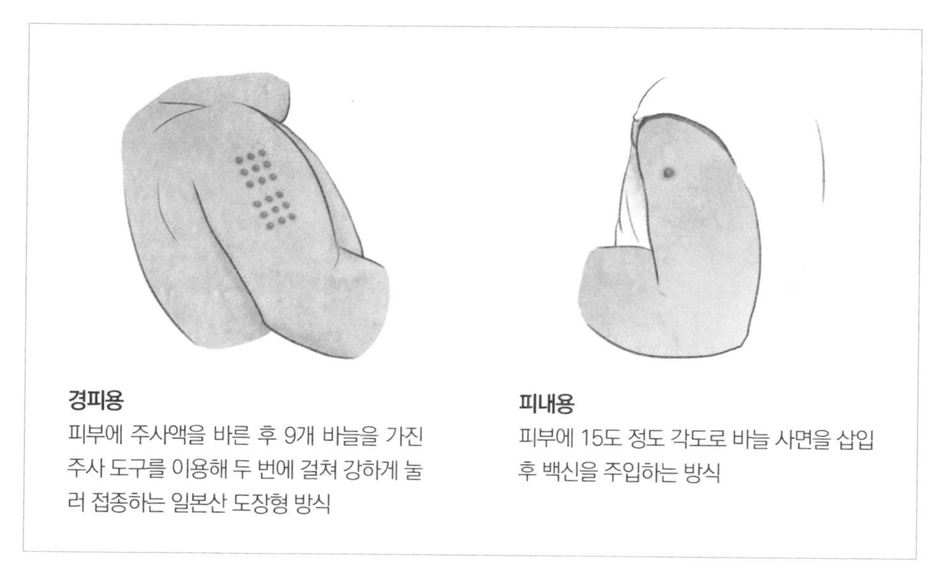

경피용과 피내용

내 아이를 위한 수면 교육

육아에서 수면 교육만큼 의견이 분분한 주제도 없다. 수면 교육은 엄마가 안거나 업어서 재우거나, 젖이나 우유를 먹이면서 재우는 것이 아니라 다른 도움 없이 혼자서 잠드는 습관을 들이는 것을 말한다. 수면 교육에 대해 국내외 전문가들조차 해야 한다와 그렇지 않다는 쪽으로 의견이 극명하게 갈린다. 서로 다른 의견들을 이야기하니 아이를 키우는 부모로서 여간 난감한 일이 아닐 수 없다.

물론 육아에 하나의 정해진 답은 없다. 아이와 함께 성장해 나가는 과정이기에 우리 가족에게 잘 맞는 방법을 스스로 찾아야 한다. 그러기 위해서는 더 철저히 공부하고 적용해 보는 수밖에 없다.

수면 교육에는 크게 두 그룹이 있다. '아기를 울려 재우는 습관 들이기'와 '아기를 많이 울리지 않는 수면 교육'을 주장하는 그룹이다.

『아이들의 잠』을 쓴 저자 마크 웨이스블러스Mark Weissbluth는 "아기가 울어도 절대로 안아 주지도 말고 아기 방을 들여다보지도 말고 며칠만 확실하게 버티면 대다수 아기는 스스로 잘 자게 된다."고 밝혔다. 아기가 울어도 양육자에게 아무런 반응을 얻지 못하면 울음이 의미가 없다는 걸 금방 배우게 된다는 것이다. 하지만 나에게는 맞지 않는 방식이었다. 숨넘어갈 듯 우는 아기가 가여워서 견딜 수가 없어 금세 방문을 다시 열었다. 물론 혼자 울게 내버려 두면 지쳐서 잠들 수도 있겠지만, 엄밀히 말하면 이건 아기가 도움 청하는 것을 포기하게 하는 방법이라는 생각마저 들었다.

『아기 수면 문제 해결Solve Your Child's Sleep Problems』의 저자 리처드 퍼버Richard Ferber가 제시하는 방법도 마크 웨이스블러스와 크게 다르지 않다. 아기가 잠들지 않은 상태에서 눕힌 후 스스로 잠들기를 기다리기까지는 말이다. 다른 점은 아기가 만약 자지 않고 울면 바로 달려가지 않고 잠깐 간격을 두고 기다렸다가 달래는 것이다. 이론상으로는 그렇다. 이 방식을 시도하면, 엄마가 첫날엔 2~3분 만에 가서 달래 준다면, 일주일 정도 지나면 그 간격이 점차 늘어나 잠들기까지 20~30분 걸리는 정도로 점차 상황이 개선된다고 한다. 하지만 이 방식도 결국 성공하지 못했다. 엄마가 보이지 않으면 서럽게 울면서 따라 나오는 아이를 홀로 두고 나올 수가 없어서 시간 간격을 두는 것이 큰 의미가 없었다.

반면 『베이비 위스퍼』에 소개되어 국내에도 잘 알려진 트레이시 호그Tracy Hogg와 멜린다 블로우Melinda Blau는 '안눕법'을 제안한다. 아기를 많이 울리지 않고 수면 교육하는 방법이다. 잠들지 않은 아기를 잠자리에 눕혀 스스로 잠들도록 하는데, 만약 아기가 울기 시작하면 바로 곁에 가서 다독이고 그래도 진정되지 않으면 안아 주었다가 울음을 그치면 다시 내려놓으라고 한다. 이 과정을 반복하다 보면 결국은 혼자 잠들게 된다는 것이다. 사실 울려 재우기 방식은 성공하지 못했고 나에게 맞지 않았기에 한동안 이 방식을 따랐다. 그런데 아이는 얼마간은 깊게 잠들지도 못했고 중간중간 깨어날 때가 많았다. 결국 이 방식도 완전히 성공적이라고 보기엔 어려웠다.

모빌을 보여주던 때부터 잠들기 전 의식처럼 책을 읽고 자장가를 들려주었는데, 돌 무렵 똥강아지는 잠을 더 자지 않고 내내 장난치고 싶어 했다. 나에게 안겨 응석을 부리는가 하면 몸을 심하게 뒤척였다. 심지어 벌떡 일어나 방을 누비며 노는 날도 있었다. 낮에 그렇게 신나게 놀고도 에너지가 넘치는 것이 신기할 따름이었다. 그렇게 둘이서 누워 뒹굴뒹굴하다가, 책을 보다가, 자장가를 듣다가 30분에서 1시간을 훌쩍 넘기는 날도 많았다. 그렇게 재우는 문제로 고생하다 정말 거짓말처럼 14~15개월이 되니 점점 좋아지더니 18개월 즈음엔 그림책 한두 권 읽어주다가 자장가를 들려주면 5분, 10분도 안 되어 스르르 잠이 들었다. 한 번씩 기복이 있기는 했지만, 그래도 아이에게 수면 시간이 점차 안정적으로 자리 잡고 있다는 것이 느껴졌다.

수면 교육에 대해 많은 전문서적이나 강연을 접해 보았지만, 나에게는 맞지 않았다. 울다가 스스로 잠들 수 있게 기회는 한두 번 주되 그 시간이 너무 길어지지 않게 하려 했다. 아이는 아직 많은 것이 낯설고 두려울 테니, 잠자는 데 익숙해질 때까지 기다려 주고 더 많이 안아 주어야겠다고 생각했다. 거창하게 교육철학이라고까지 하지 않더라도, 어느 순간부터 내가 가는 길이 옳다고 믿으니 마음이 편안해졌다. 대부분 엄마는 자신이 아이를 잘 키우고 있는 것인지, 이 방법이 맞는 것인지를 두고 회의를 느낄 때가 많은데, 엄마가 불안해하면 아이도 불안해질 수밖에 없다.

돌이켜 생각해보면 14~15개월 전후로 아이의 잠이 안정된 것은 내가 옆에서 같이 누워서 푹 잠을 자면서부터였다. 아기 곁에 머무르면서 엄마가 온전히 옆에 있다고 생각하니 안심이 된 게 아닐까 싶다. 솔직히 고백하자면, 그 이전에는 밤에 아기를 재우고 '육퇴'해야 한다는 생각에 마음이 좀 급했던 것도 사실이다. 남들처럼 방문을 닫고 나와 냉정하게 서로의 영역을 지키는(?) 수면 교육에 성공하지 못했기에 조급했던 마음도 분명히 작용했다. 그 역효과인지, 그런 방식이 오히려 잠자는 습관을 들이는 데 방해가 되었고 시행착오를 더 많이 겪게 했다. 아이를 재우고는 잠들었다 싶으면 살짝 문을 열고 나와서 내 일을 하던 때였는데, 아이가 잠결에도 그걸 눈치채 엄마가 나갈까 봐 불안해했던 것 같다. 이후에는 할 일이 있어도 같이 잠들었다가 깊게 잠든 걸 확인하고 새벽에 좀 더 일찍 일어나 일하는 방식으로 바꾸었는데, 그 방식이 나에게는 맞았다. 아예 처음부터 같이 누워서 자는 방식을 취했더라면 시행착오를 줄일 수 있지 않았을까.

또 하나 주목할 만한 점이 있다. 조부모님들은 젊은 사람들처럼 육아서를 보지는 않으셔도 본능적으로, 혹은 아이를 키워본 경험을 살려 아이를 키우는 것에 대한 나름의 노하우와 자신감이 있다는 것이다. 퇴근해 집에 돌아왔는데, 시어머니가 아기 띠를 해 잠든 아기를 두 시간 넘게 품에 꼭 안고 소파에 앉아 계신 것이었다. 유달리 아이를 예뻐하시고 잘 봐주시는 분이기도 하지만 체력 좋은 젊은 사람도 감당하기 어려운데, 놀라지 않을 수가 없었다. 그렇게 낮잠을 푹 잘 잔 날 아이를 보면 사랑도 듬뿍 받아서인지 얼굴이 더욱 말갛고 평소보다도 쌩쌩한 에너지가 느껴졌다. 포대기를 한 채 요리하시면서도 양육자와 딱 밀착된 상태에서 같은 시선으로 세상을 바라보게 되니 아기가 여러 가지로 배울 수 있다고도 하셨다. 허리도 안 좋으신데 안고 재우면 힘들지 않냐고 여쭤 보면 이렇게 말씀하셨다.

"그래야 얘가 조금이라도 잠을 더 깊이, 오랫동안 푹 잘 수 있지."

그 말씀에 내리사랑이 얼마나 큰지와 함께 '육아에 정말 정답은 없구나'라는 생각을 했다. 왜냐하면 이론서에는 대부분 잠들 때까지 안고 있는 건 스스로 잠드는 것을 방해하는 좋지 않은 방법이라고 나와 있기 때문이다. 물론 밤마다 아기를 울리지 않기 위해 바닥에 내려놓지 않고 밤새 그렇게 안아 재운다면, 아기의 수면습관은 물론 엄마의 생체리듬 또한 완전히 망가질 수 있다는 데에 동의한다. 또 양육자가 사정상 전화를 받거나, 살림하는 동안 아기를 내려놓는 상황이 생기면, 아기가 잠에서 깨버려 조각 잠을 자게 될 수도 있다. 계속해서 안아서만 재워 달라고 고집을 피우면 그 또한 난감한 일이다. 정답은 없으니 자신의 상황과 현실에 맞게 해답을 찾기 바란다.

『오래된 미래, 전통육아의 비밀』이라는 책에서는 코넬대학교 인류학과 메레디스 스몰 교수가 '육아는 본능적으로 해야 즐거움이 있는데, 요즘 엄마들은 자기 스스로를 믿지 않고 외부에서 뭔가 다른 것을 찾으려 한다'고 꼬집었다.

"육아는 감성적이고 본능적인 거예요. 그런데 요즘 사람들은 지능적으로만 하려고 해요. 육아는 자신의 감성과 내면의 관계를 이해해야 해요. 아기가 울면 기분이 어떤가요? 분명 안아주고 싶을 거예요. 그런데 왜 그렇게 하지 않죠? 어서 안아 주세요. 안아 줘도 괜찮아요. 아이가 배고파서 칭얼대는 것 같나요? 그럼 젖을 먹이세요. 아이와 누워서 젖을 먹이다가 같이 잠들고 싶나요? 그렇게 하세요. 눈을 감고 자기 내면의 소리에 귀를 기울이세요. 뭐라고 하나요? 그렇게 하세요. 그게 답이에요."

어떤 방법을 선택하더라도, 책에서 본 이론이나 '카더라' 통신에 지나치게 의존하기보다는 자신이 옳다고 믿는 방식을 자신 있게 밀고 나가는 편이 낫다. 익히 알려진 바와 같이 미국이나 유럽 여러 나라에서는 태어나자마자 아기를 혼자 재우는 관습이 있다. 반면 우리 문화권에서는 엄마 품에 아기를 안고 밤에 가족이 같이 잠들거나, 포대기로 안아 재우곤 하지 않던가.

가정마다 여러 수면법 중 저마다 잘 맞는 방식이 있을 것이다. 다양한 수면 방식 중 한두 가지를 공부해 따라 해 보거나, 자신에게 잘 맞는 방법을 고안해 하루하루 지내 보자. 그런 양육자의 노력과 시간의 힘이 합해져 머지않아 쌔근쌔근 잠든 아가의 얼굴을 바라보며 행복하게 미소 지을 수 있을 것이다.

☀ 아기의 그림책, 단행본이냐 전집이냐

자고 먹고 입는 문제가 해결되니 또 다른 결정 장애 문제가 기다렸다. 유모차를 끌고 나가면 여기저기 동네 엄마들의 이야기가 들려온다. 몬테소리, 프뢰벨, 블루래빗, 그레이트북스 등 각종 전집이 엄마를 유혹한다. 무료로 아이 발달 검사를 해준다며 찰싹 달라붙은 회사 외판원의 말에 팔랑귀가 또 한 번 작동한다. 어디 그뿐인가. 맘 카페에 들어가면 돌을 기점으로 수학, 한글, 명화 교재, 교구를 구매해야 한다며 엄마의 불안감을 부채질하니 당해낼 재간이 없다. 엄마들의 불안을 일으켜 판매를 촉진하는 불안 마케팅이라는 걸 교육계에 종사하는 만큼 누구보다 잘 아는 나도 순간 이렇게 마음이 흔들린다.

육아에서 결정 장애를 일으키는 사안은 때때로 부부간의 의견 대립을 불러오기도 한다. '단행본이냐 전집이냐'를 고민하던 무렵, 남편과 몇 날 며칠 토론을 벌였다. 기본적으로 남편은 아직까지 전집까지 볼 필요는 없지 않겠냐는 입장이었지만, 나는 단행본과 전집 모두 일장일단이 있어서 둘 다 욕심이 나는 것이 사실이었다.

- 책을 하나씩 고를 시간적 여유가 되는지
- 누군가 다양한 구성의 책 목록을 대신 골라주는 게 좋은지
- 하나를 사더라도 유명 작가의 양질의 작품을 고르고 싶지는 않은지

• 다 사지 않고도, 구하거나 빌려볼 방법은 없는지

질문을 던지다 보니 이런 알고리즘이 탄생했다.

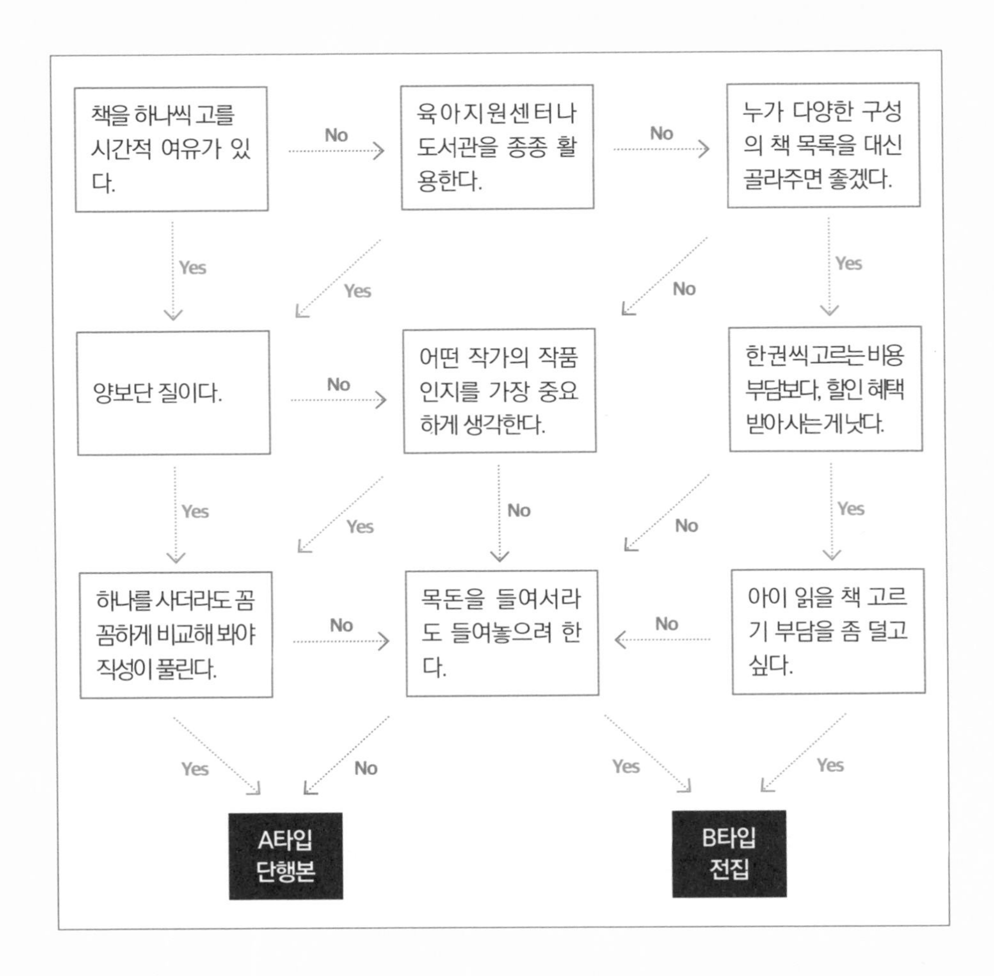

단행본과 전집 둘 다 장단점이 있다. 무엇에 더 큰 가치를 둘지에 따라 선택이 달라질 뿐이다. 먼저 꼼꼼하게 분석해 본 장단점을 살펴보자.

	전집	단행본
장점	• 음악, 말놀이, 생활, 명화, 자연관찰, 다중지능, 영어 노래 등 다양한 영역과 주제별로 묶여 있다. • 단행본을 한 권씩 고르는 고민을 한동안 덜어 준다.	• 유명 작가의 작품이나 칼데콧 수상작, 스테디셀러 등 양질의 그림책이 많다. • 작가가 수년에 걸쳐 정성을 들여 집필하다 보니, 그림이나 구성이 매우 독창적이고 세상에 전달하는 메시지 면에서도 의미 있는 작품이 많다.
단점	• 아이가 전집 구성에 들어간 모든 책을 다 좋아할 수는 없다는 점을 감안해야 한다. • 전집 가격대가 대체로 비싼 편이라 목돈이 들어간다. (핫딜 기간에 구입하거나 할인 혜택을 받으면 권당 가격으로는 단행본보다는 싸다는 의견도 있다.) • 책장에 잔뜩 꽂아 두기만 하면, 아이가 책 읽기를 숙제처럼 여겨 보지 않으려 할 수 있다.	• 옥석을 가려내려면 발품을 많이 팔아야 한다. 아이 발달 단계와 관심사, 취향에 맞게 엄선하는 것은 생각보다 쉽지 않은 일일 수 있다. • 중고도서를 구한다 해도 한 권씩 사 모으다 보면 권당 가격이 만만치 않다.

내 경우, 처음에는 단행본으로 시작했다. 칼데콧상 수상작이나 좋아하는 유명 작가(에릭 칼, 앤서니 브라운, 최숙희, 백희나, 안녕달 등), 노부영(노래로 부르는 영어) 등의 작품으로 시작해 아이가 좋아하는 책이 어떤 것인지 관찰했다.

이후 전집과 단행본을 적절히 섞어 시도해 보았다. 또 지인과 온라인 커뮤니티를 통해 책을 물려받을 기회도 있었고, 온라인 렌탈 방식도 적극 활용하였다. 새 전집을 구매하는 것은 비싸서 일정 기간 빌리거나 중고로 구매할 수도 있으니 적절하게 활용해 보기 바란다.

• 참고사이트

개똥이네 http://www.littlemom.co.kr : 단행본/전집 중고서점(온오프라인)

리틀코리아 www.littlekorea.co.kr : 전집 빌려보기(온라인)

0~12개월에 필요한, 조작이 많은 토이 북 형태의 전집은 아쉽게도 대여하기 어렵다. 하지만 온라인 맘 카페나 지역 커뮤니티를 중심으로 중고제품이나 미개봉한 새 제품이 종종 올라오니 해당 키워드를 추가해 두고 이용하면 된다.

빅데이터로 본 육아 고민

아기를 낳고 얼마 되지 않았을 때, 사람들은 아이를 키우면서 언제 힘들어하는지 궁금했다. 하지만 20대부터 70대까지 다양한 여성들에게 물었지만 속 시원한 답을 얻을 수는 없었다.

"글쎄, 시기마다 나름의 어려움이 있어서…"
"두 돌까지는 몸이 힘들지만, 그다음엔 또 다른 문제로 마음이나 정신적으로 힘들어."
"초등학교 보내면 그땐 또 다른 고민이…"
"오죽하면 애 보느니 밭일한다는 말이 있겠어?"

돌이켜보면, 신생아 시기에는 때마다 먹이고 젖병 열탕소독 같은 일이 번거롭고 까다롭긴 해도 아이가 15시간 하루 절반 이상 잠을 잔다. 잠시 나는 아이를 참 잘 키운다는 생각을 하기도 했는데 순전히 착각이었다. 어느 날, 정신이 번쩍 들었다. 밤마다 아이가 수시로 깨어나 악을 쓰며 우는데 이유를 알 수 없었다. 이가 나려는 건지, 잠자리 온도가 맞지 않는지, 어디가 아픈 건지 짐작이 가지 않았다. 전쟁이라도 치르듯 괴로워, 밤이 오는 것이 두려워지기까지 했다.

18개월 된 아기를 키우는 미국의 한 엄마가 SNS에 육아 고충을 올린 글이 크게 화제가 된 적이 있다.

"당신은 화장실에 가기, 커피 한 잔 마시기, 책을 읽기도 어렵다. 당신은 아기들이 자고 있지 않다면 휴식을 취할 수도 없다. 매일 12시간씩 누군가를 즐겁게 해주기 위해 애써야 한다. 설령 아기들이 자고 있더라도 청소를 해야 한다. 나 자신이 가지는 의미는 어떤 건지, 무엇을 느끼고 있는지 잊는다. 모든 존재가 아이를 중심으로 돌아가고 있기 때문이다. 당신은 숨을 쉴 시간이 필요해서 욕조 문을 잠그고 수건을 얼굴에 파묻은 채 울며 비명을 지르기도 한다. 우리 집도, 나도 깨끗하지 않다. 설거지도 되어 있지 않다. 매일 비명을 지른다. 나는 죄책감을 느끼고 우리 아이들도 그 모습을 본다. 하지만 나는 혼자고, 너무 외롭다."

아이를 키우는 사람이라면 누구나 공감할 것이다. 그녀뿐 아니라 지금 이 순간에도 엄마들은 혼자 있을 땐 씻기도 힘들다. 문 앞에 아기를 놓고 샤워하며 수시로 동태를 살핀다. 언제라도 아기가 찾으면 대응해야 하니 여유 있게 내 밥을 챙겨 먹고 꿀잠을 자는 건 꿈같은 일이다. 언제부터인가 주방 한구석에 서서 먹고 쪽잠을 자는 게 일상이 되어버린다.

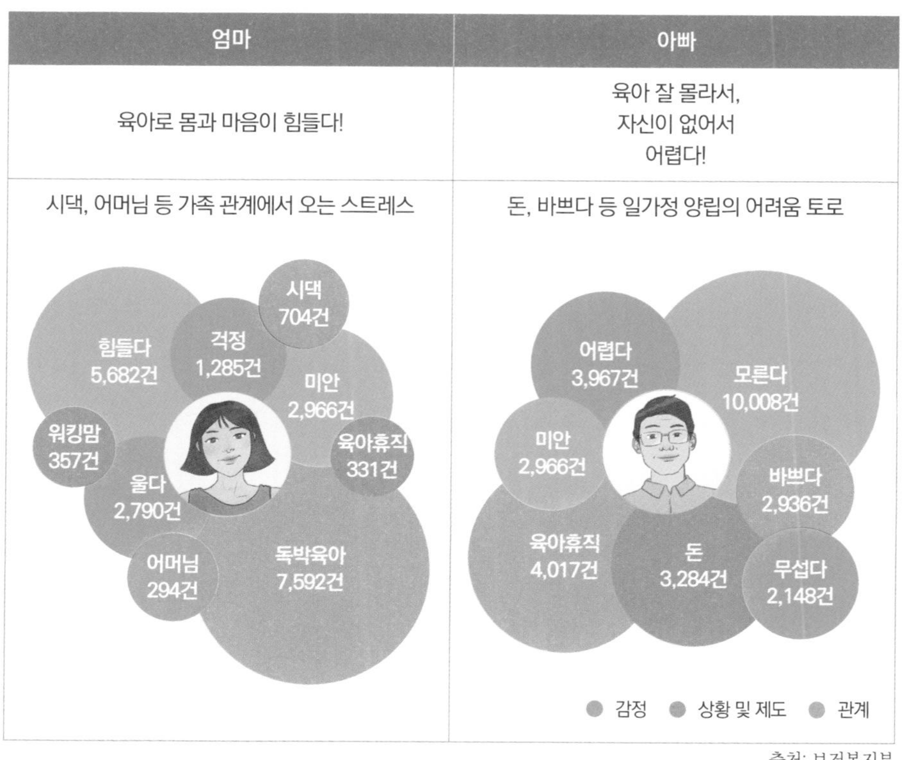

출처: 보건복지부

그 어느 때보다 육아 정보가 넘쳐나지만 우리는 여전히 아기 키우는 일의 기쁨을 누리지 못하고 힘들어한다. 육아에 심신이 지친 부모들에게 정말 필요한 것은 무엇일까? 물론 가족의 양육 지원이나 더 많은 육아 정보, 인프라 구축일 것이다. 더 나은 내일을 기약하며, 더 많은 사람이 목소리를 내야 하는 이유다. 하지만 지금 당장 필요한 것 하나만 꼽으라면 '카르페디엠(Carpe Diem, 지금 이 순간에 충실하라)'의 마음이 아닐까. 아기는 매일매일 폭풍 성장한다. 그러나 행복하고 아름다운 이 순간이 생각보다 훨씬 금세 지나간다는 사실. 적어도 두 돌 무렵까지는 말이다.

이 시기가 아기에게 중요한 성격을 형성하는 때라고 알려 주었더니 남편이 잠도 덜 깬 채 새벽에 기저귀를 갈면서 말한다.

"사랑하는 우리 아가, 세상에 나와 처음 겪는 낯선 일들이 참 많지? 오늘따라 응가 냄새도 왠지 향기로운걸?"

기저귀 갈고, 씻기고, 우는 아기 달래기가 귀찮을 법도 하지만 이런 사소한 일상이 얼마나 중요한지 잘 알기에 이 순간들을 놓칠 수 없다. 참고로, 양육자가 영유아 시기에 인내심을 갖고 친절하게 배변훈련을 도와주어야 아기의 욕구가 잘 충족되며, 조절과 통제를 통해 자율성이 발달하고 창의적인 성격 형성의 기초가 된다.

아이 키울 때 흔한 3대 고민

매 순간 내 결정이 아이에게 직접 영향을 미치니, 사소한 일이라도 고민을 많이 할 수밖에 없다. 주변에 아이를 키우는 이들은 어떤 고민거리를 가지고 있을까? 많이 하는 고민을 모아보니 대략 세 가지로 추려졌다.

고민 1. 에너지가 몽땅 소진되는 기분이에요. 몸도, 마음도 쉬고 싶어요.

신생아는 15시간 이상 자니, 처음엔 남들이 말하던 것보다 육아할 만하다고 너스레도 떨고 둘째 이야기를 스스럼없이 꺼낼 때도 있었다. 그런데 정말 선배 맘들의 말처럼 아기가 기고 걷기 시작하면서부터 몸도 마음도 더욱 지쳐갔다. 때마다 이유식을 챙기고 놀아주다 보면 하루해가 어떻게 지나갔는지 알 수 없었다. 나의 에너지는 완전히 소진된 데 비해 아이는 밤에 잠자리에서도 뒤집고, 벌떡 일어나 놀고 싶어 하고, 한참을 뒤척이다 잠들었다. 하루 종일 손 많이 가는 아기 중심으로 일상이 반복되다 보니 나의 존재는 사라진 것처럼 느껴졌다.

에너지가 왕성한 아이를 간신히 밤잠 재운 후에야 살짝 안방 문을 열고 나올 수 있었다. 많이 피곤하고 졸렸지만 그 시간만이 하루 중 유일하게 조용히 책을 읽거나, 부부가 대화하거나, 혼자만의 시간을 보낼 수 있는 때이다. 아이와 같이 잠드는 것이 최선이지만 잠을 자 버리면 그날 해야 할 일을 할 수 없기에 졸린 눈을 비비며 책상에 앉았다. 고3 수험생 저리 가라 할 정도의 생활이었다.

기분도 전환할 겸 에너지 넘치는 아기를 데리고 밖에 나갔을 때, 울거나 떼쓰기라도 하면 주변에 피해를 주지나 않을까 안아서 달래느라 진땀 빼는 일도 빼놓을 수 없다.

고민 2. 내 역할이 너무 많아요.

'엄마는 요리사, 엄마는 선생님, 엄마는 인테리어 디자이너, 엄마는 코디네이터…' 광고 속 엄마는 우아할지라도 현실은 해야 할 일에 끝없이 시달린다.

어떤 이유로 우는지도 알 수 없는 말 못 하는 아기를 달래면서도, 쌓여 있는 설거지와 빨래에 정신없이 어질러진 집 안을 보면 출구 없는 막막함을 느낀다.

고민 3. 누구도 알아주지 않는 삶, 나만 뒤처지는 것 아닌지 불안해요.

어릴 때부터 친하게 지낸 한 언니는 몇 해 전 첫아이의 초등학교 1학년 입학을 앞두고 그만두기에 아까운 직장을 뒤로하고 전업맘으로 전직했다. 하지만 자신의 현실을 피부로 체감하는 데는 그리 오래 걸리지 않았다고 한다. 아이 돌보기, 요리, 집 안 청소 및 관리, 금전 관리, 아이 교우 관계 지원, 이웃들과의 적절한 네트워크, 남편 내조 등 이 많은 일을 한정적인 시간과 체력을 분배해 해내려니 여간 어려운 일이 아니었다고. 일할 때처럼 성과가 정량화되어 나오는 일도 아닌 데다 가족들은 아내로서 엄마로서 당연한 자리라고 여길 뿐, 아무도 자신이 애쓰는 것을 알아주지도 않는 것 같아 순간순간 허망하게 느껴진다는 말에 마음이 아팠다. 지금은 가정생활에서 스스로 자긍심을 느끼고 만족하려고 하지만, 기회가 된다면 다시 일해 보고 싶은 마음이 굴뚝같다고 한다. 여전히 수많은 직장 맘이 임신과 출산을 이유로 권고사직을 당한다. 가까스로 버티면 회사와 육아 사이에서 아슬아슬한 줄타기를 하며 하루하루 바쁘게 살아간다.

이처럼 아이와 '함께 성장'하며 즐겁게 육아하고 싶은데 현실은 그리 녹록지 않다. 어제가 오늘 같고, 내일이 오늘 같은 일상이 되풀이되는 사이, 어느새 나는 사라진 기분이다.

아이를 키우는 일의 힘겨움을 기쁨으로 전환할 방법은 없을까? 긴 인생에서 잠시 스쳐 가는 기간인 생후 2년을 '헬육아'가 아니라 '꿀육아'로 즐기면서 보낼 방법을 찾아보았다.

육아 고민 탈출법

매일을 살아가는 데 급급하다 보면 정작 중요한 것들이 눈에 보이지 않는다. 한 걸음 물러서서 나를 관찰할 수 있는 여유가 있어야 비로소 정신적 자유도 찾아온다. 일단 육아로 인해 실질적으로 맞닥뜨린 삶의 변화를 직시하자. 거기에 맞게 나만의 원칙을 다시 세워 본다.

원칙 1. 육아의 감정 온도를 맞추고 평정심 갖기 – 한 걸음 물러나서 관찰하기

햇살이 내리쬐던 어느 날 오후, 놀이터에서 모래놀이 하는 아이의 모습을 하염없이 바라보았다. 간절하게 기다리던 귀한 아이를 얻었고, 건강하게 태어나 잘 자라나는 것만으로도 더 바랄 것이 없다는 마음이 들었다.

신나게 뛰어놀다가 내 품에 안겨 곤히 자는 아이의 얼굴을 보고 있자니 세상 최고의 축복인 선물을 받고도 힘들어하고 있었다는 생각마저 들었다. 이렇게 품에 안을 수 있는 시간도 길어야 10년일 텐데, 더 많이 안아 주고 함께 충만한 시간을 보낼 방법을 구상하고 어떤 엄마가 되어야 할지 생각하는 것이 먼저가 아닐까.

나에게 주어진 환경을 이해하고 받아들이는 데서 다시 시작하기로 했다. 육아의 감정 온도를 맞추고 평정심을 지켜나가는 일을 첫 번째 과제로 삼기로 했다. 그렇게 다시 마음먹으니, 모든 것이 조금씩 달리 보였다. 매일매일 단기로 해결해야 할 일들도 쌓여 있지만, 좀 더 멀리 보고 '함께 성장'해가겠다는 마음을 잊지 않기로 했다. 육아에 허덕이며 지낼 땐 귀에 들어오지 않던 말들도 다시 들어오기 시작한다.

초등학교에 입학한 딸을 키우는 친구가 했던 "말 못 할 때 정말 말도 못 하게 이쁘지."라든가 "애들 금방 커. 순간은 짧아."와 같이 귓가에만 머물던 말들도 다시 심장으로 내려와서 지금 이 예쁜 순간을 후회나 투정 따위로 보내서는 안 되겠다는 마음을 다지게 한다.

원칙 2. 따뜻한 시선으로 나를 먼저 받아들이기 – 우리의 온도에 맞는 방식이 가장 옳다

한 육아 전문가가 강연에서 '요즘 엄마들이 자기 비난이나 자책으로 멍들어 있는 상태'라고 진단하는 걸 들은 적이 있다. 방송과 SNS의 수많은 육아 프로그램에서 '이럴 땐 이렇게 하라'는 육아 지침을 쏟아낸다. 수많은 이들의 의견을 듣다 보면 내가 고수하고 있는 육아법에 심각한 문제가 있는 건 아닌지 흔들리게 마련이다. 그뿐만이 아니다. 고가의 육아 아이템도 다양하게 소개된다. 그 시기에 그걸 하지 않으면 뒤처질 것만 같은 두려움이 밀려온다. 아이와 나의 평범한 일상이 한없이 작아지는 듯한 느낌을 받는다.

하지만 우리는 모두 다르게 태어난다. 생김새부터 성격, 기질, 성향 등 어느 하나 나와 똑같은 사람은 없다. 그렇게 다르게 태어난 아이에게 모두 적용할 수 있는 육아의 정답 같은 것은 없다. 모든 방식을 존중하되, 타인의 목소리에 감정을 지배당하지 않는 것이 좋다. 흔들리지 않으려면 좀 더 따뜻한 시선으로 나를 바라보고 안아 주어야 한다. 이미 충분히 잘하고 있다고 응원하면서 말이다. 남들 보기에 완벽하지 않은 날들이면 또 어떤가. 내 방식대로, 각자의 온도에 맞게 걸어가는 것이다. 그리고 그것이 가장 옳다.

원칙 3. 나만의 방식으로 공부하고 기록하기 – 함께 성장하는 가족

선생님이 되고 싶었던 이유 중 하나는 〈사운드 오브 뮤직〉의 마리아를 닮고 싶어서였다. 엄마가 되고 나서 다시 그 로망이 꿈틀거렸다. 아기를 품에 안고 재울 때마다 '도레미송'을 불러 준다. 마리아처럼 잔디밭에서가 아닌 집구석이지만.

"오늘은 코코코 놀이야."

내가 "코코코코코코 눈" 하면, 아기는 까르르 소리를 내며 웃는다. 남편은 옆에서 아빠 미소를 만개하며 흐뭇한 표정을 짓는다.

많은 교사나 발달심리학자들의 로망은 '자기 아이를 키우며 발달 과정과 교육법을 연구하는 것'이다. 오래전부터, 세상 모든 아기가 발달 시간표에 따라 보편적인 성장 과정을 거치는지를 연구해 보고 싶어 한다. 그리고 마침내 가장 가까운 곳에서 내 아이의 성장과 발달을 지켜보며, 대학교에서 배웠던 교육이론과 학교 현장에서의 경험 등을 접목해 교육학의 중요한 개념들을 하나씩 정리한다. 교육서를 읽다 보면 저마다 다른 세계관이 엿보이지만, 그 속에서 또 어떤 길이 바른지에 대한 공통된 관점도 보인다. 그리고 점점 우리 가족의 삶에 접목할 방법도 찾게 된다. 아이를 키우며 공부하는 일은 이렇게 가족 모두 함께 성장하는 것을 의미한다.

이러한 공부의 과정을 나만의 방식으로 기록하는 일을 시작했다. 다음Daum 브런치에 육아와 관련된 글을 쓰고, '아기 키우는 만화'를 기획해 게재하기 시작했다. 비록 웹툰의 형태로 이어지지는 않았지만, 그 노력이 있었기에 이 책을 출간할 기회도 얻게 되었다. 공부하고 기록하는 일이 무언가를 새롭게 창조하는 일로 연결된 것이다.

원칙 4. 나만의 시간, 멀티 페르소나 - 육아는 경력단절이 아닌 새로운 경력의 시작

우리는 스스로가 좀 더 행복해질 권리를 자신에게 가장 맞는 방법으로 찾아야 한다. 휴식이 필요하다면 '쉼'을, 꿈을 잃고 싶지 않다면 '좋아하는 일을 하는 것'이 방법이 될 수 있다. 일상에 지쳐 아무것도 하고 싶지 않은 날엔 아기를 재우면서 함께 수면을 취하며 푹 쉬려고 노력한다. 어떤 날엔 아기를 재워 놓고 이 책을 쓰기도 했는데, 그 시간들이 오히려 나에게 에너지를 충전해 주었다.

나만의 시간을 어떻게 활용하느냐에 따라 '육아가 경력단절이 아닌, 새로운 경력의 시작'이 되는 사례를 종종 찾아 볼 수 있다. 특히 인터넷과 스마트폰, SNS 등 온라인 공간에서 나의 정체성을 표현할 기회가 많아졌기 때문이다. '멀티 페르소나(multi-persona, 다중적 자아)의 시대'가 왔다는 말을 심심치 않게 듣는다. 페르소나는 원래 고대 그리스 가면극에서 배우들이 사용했던 가면을 뜻하는 말로, 여기에 다수를 의미하는 'Multi'와 합쳐져 '다수의 자아'라는 뜻이다. 다양한 상황에 맞게 여러 가면을 쓰면서 자신을 표현하는 현대인들의 모습을 말한다.

평범한 직장인인 줄만 알았던 사람이 유튜브 게임 채널을 운영 중이거나, 브이로그(Vlog, '비디오Video'와 '블로그Blog'의 합성어로, 자신의 관심사나 일상을 기록하고 공유하는 비디오 형태의 블로그)를 제작해 올린다거나, 일러스트 작가로 N잡을 하는 등 플랫폼에 따라 자신을 나타내는 방식이 다양해지고 있다. 이렇게 다양하게 분리되는 정체성을 가진 멀티 페르소나를 'Me and Myselves(나 그리고 다양한 모습의 나)'라 부른다. 이제 '나 자신'을 뜻하는 'myself'는 단수가 아니라 복수, 즉 'myselves'가 된 것이다. 주부나 육아맘 역시 예외가 아니다.

육아, 새로운 경력의 시작 1 : 유튜브 크리에이터, '식충이' 현실 육아 브이로그

현실적인 육아나 일상을 재미있게 담아내 공감을 얻고 있는 주부의 유튜브 채널이다. '요리 똥손'이라 자처하는 주부는 이것저것 시도해 보지만 아이들이 "엄마, 제발 요리 그만해"라며 웃음을 자아낸다. 어린이집에 아이들을 보내고 자유 시간을 만끽하거나, 랜선 집들이를 하는 등 평범한 일상을 소개한다.

육아, 새로운 경력의 시작 2 : 경력단절 주부들이 모여 창업한 '진저티 프로젝트'

결혼과 출산, 육아로 경력이 단절되었던 주부 셋이 모여 개인과 조직의 건강한 변화를 만들어보기 위해 연구, 교육, 자문, 출판 등의 일을 하는 실험실이다. 진저티 프로젝트ginger T Project는 몸을 따뜻하게 하는 생강차처럼 사회에 활력을 불어넣고 싶다는 의미에서 지어진 이름이다. 엄마로서 그리고 일하고 싶은 개인으로서, 지속 가능한 일터와 조직문화를 연구하다 보니 밀레니얼 세대(1980년대 초에서 2000년대 초 사이 출생, 모바일 기기를 이용한 소통에 익숙하고 글로벌 금융위기 이후 사회생활을 시작한 세대를 일컬음)에 대한 연구로까지 이어졌다.

육아, 새로운 경력의 시작 3 : 둘째 아이 돌잔치를 계기로 헝겊인형 & 패브릭 작가가 된 주부, 함지정

지친 육아를 잠시 비켜갈 수 있는 활력소로 패브릭 소품 만드는 일을 하다가 둘째 아이 돌잔치를 계기로 취미로 하던 일이 직업이 되었다. 엄마의 사랑과 정성을 담아 한 땀 한 땀 손바느질로 완성한 액자와 앨범이 돌잔치에서 폭발적인 인기를 모으게 되었기 때문이다. 이후 패브릭 숍에 직접 만든 북 커버와 액자, 속몽키 인형을 납품하게 되고, SNS에 올린 돌잔치 사진을 본 이웃들의 주문이 물밀듯 들어와 프로 작가로 전향하게 되었다.

원칙 5. 상상 한 줌, 하루 한 번 이상 미소 짓기 – '헬육아'에서 '꿀육아'로

세상이 그대를 속일지라도, 삶이 아무리 어렵더라도 '상상 한 줌'으로 예술 작품이나 발명품을 만들며 위기조차 아름답게 꽃피워낸 이야기들을 우리는 알고 있다. 아프리카의 가난 속에서도 희망과 평화를 꿈꾸며 탄생한 밥 말리의 노래가 그러했고, 유대인 차별과 나치의 핍박이라는 고통스러운 삶을 살면서도 사랑과 희

망의 색을 화폭에 담아냈던 샤갈의 마법 같은 그림처럼 말이다. 육아도 마찬가지 아닐까. 제아무리 육아가 힘들다 한들, 상상은 그 힘든 산을 오르게 하며 미소까지 짓게 한다.

"하늘에서 젖병이 내려와서 분유를 먹여 주고 소독까지 다 해 주는 기계가 있으면 좋겠어. 위에서 물 넣고 압타밀 분유 딱 조제까지 다 해서 젖병이 자동으로 아기 얼굴 움직임도 포착해 먹이는 거지. 아기가 다 먹고 나면 찌익 천장으로 올라가선 자동세척에 살균까지 다 해 주는 그런 거 말이야. 로봇, 인공지능 전공 공학도로서 육아에 접목할 생활밀착형 스펙터클 모션 디바이스를 만들어 보는 건 어때?"

돌아서면 수유 타임이 돌아오던 시기, 육아 삼매경에 빠져 있던 나는 급기야 꿈에서도 이런 기계를 구상하고 있었다. 꿈에서 깨어나 눈을 뜨기가 무섭게 종이에다가 그 장면을 내 맘대로 슥슥 그려 아이디어 스케치를 완성하기도 했다. 언젠가 육아를 돕기 위해 이런 AI 발명품이 상용화되어 현실이 될 날을 꿈꿔 보며 아이디어 목록을 적어 보기도 했다.

AI 접목 육아발명품 아이디어 목록

-건망증 초보 부모를 위한 신생아 트림 확인 및 데이터 기록 보관함

-신생아 돌연사 사고 예방을 위한 경보 디바이스

-(기질, 기분, 취향에 따라 만든) 아기 맞춤형 주크박스

-소꿉놀이 파트너 로봇

-목 가누기, 기기, 걷기 1:1 아기 건강 지키는 PT 도우미

어떤 날엔 아이 키우면서 생긴 에피소드를 노래로 만들기도 했다. 트로트를 즐겨 부르는 남편은 '예린인 나의 배터리' '내 나이가 어때서' '서울 대전 대구 부산' 등 기존 곡을 개사해 아이에게 불러주었다. 노래를 만들어 준다고 해서 음악을 전공해야 하거나 전문적인 지식이 필요한 것은 결코 아니다. 남편이 한 방법처럼 기존 동요나 가요에 가사를 입히는 것도 좋은 방식이다.

손 많이 가는 아가를 돌보는 일은 기본적으로 고단하다. 하지만 엉뚱한 상상 한 줌으로 하루 한 번, 두 번, 세 번 습관처럼 미소를 짓다 보면 헬육아가 어느샌가 꿀육아에 한 걸음 더 가까워 있지 않을까?

원칙 1. 육아의 감정 온도를 맞추고 평정심 갖기 – 한 걸음 물러나서 관찰하기

Q. 육아를 시작한 후 아이의 가장 예뻤던 모습을 떠올려 보세요.

(예 : 나를 향해 환히 웃어 주던 미소, 평화로운 표정으로 곤히 잠든 모습, 맛있게 먹는 모습)

....

....

....

Q. 힘든 일상 속에서 지친 나를 위로하고 힘이 되어준 것들을 떠올려 보세요.

(예 : 산책하기, 따뜻한 차 한 잔, 달콤한 케이크 한 조각, 친구에게 받았던 편지, 남편의 말 한 마디)

....

....

....

힘들었던 순간에만 생각이 머물지 않도록 나를 돌보는 데 시간을 좀 더 집중해 보는 것이 좋아요. 햇살, 열매, 동그란, 웃음, 폭신폭신, 하얀 꽃… 이런 따사롭고

싱그러운 단어들을 자주 떠올려 보세요.

또 육아가 너무 힘든 날에는 혼자 그 짐을 다 짊어지고 가기보다는 주변의 도움을 받는 것이 좋아요. 그렇지 못한 상황일 때는 외부의 자원들이라도 적절히 활용해 보세요. 양육자가 시간과 마음의 여유를 갖고 행복한 마음으로 육아하는 것이 아이에게도 좋아요. 그리고 '아이와 함께 성장해 나가는 시간'이라는 마음을 가지고 긴 안목으로 앞으로의 날들을 그려 보세요. 지금 내 품에 안긴 아가의 예쁜 모습을 기억하며 육아의 순간순간을 행복한 추억으로 가득 채워 봐요.

원칙 2. 따뜻한 시선으로 나를 먼저 받아들이기 – 우리의 온도에 맞는 방식이 가장 옳다

Q. 육아서를 읽거나 주변의 말을 들으며 육아 방법을 고민할 때가 있었나요?

(예 : 완모-완전 모유 수유. 분유를 섞어 먹이지 않고 온전히 모유로만 수유하는 방식-를 해야 하나 고민된다, 수면 교육법에 대한 견해가 다양해 방향 잡기가 힘들다, 직접 만든 이유식을 아기가 잘 안 먹는데 그렇다고 시판 이유식을 먹이려니 죄책감이 든다 등)

....

....

....

어떤 육아 방식이든 정답은 없어요. 아이가 좋아하고, 양육자가 만족하는 '자기만의 방식'이 가장 좋다고 생각해요. 실수투성이, 부족한 구석이 많다 하더라도 괜잖아요. 오늘 완벽하지 않더라도 내일 또 한 걸음씩 나아갈 거잖아요. 먼 훗날 돌이켜보면 잠도 설치고 밥도 제대로 못 챙겨 먹었지만 어린 생명을 보살피느라 온 정성을 쏟았던 지금 이 시간이 사무치게 그리워질지도 몰라요.

원칙 3. 나만의 시간, 멀티 페르소나 – 육아는 경력단절이 아닌 새로운 경력의 시작

Q. 육아가 경력 단절이 아닌, 오히려 새로운 경력의 시작점이 될 수도 있지 않을까요? 육아를 계기로 새로운 경력을 쌓아나가거나, 이전에 하지 못했던 것들을 시도해보거나, 하고 싶었던 일들을 하는 자신의 모습을 그려보세요.

(예 : 육아 소재 글쓰기나 만화 그리기, 유튜브 크리에이터, 현실육아 브이로그, 경력 단절 주부들이 모여 창업하기, 나만의 이유식 비법이나 육아 꿀팁 소개하기 등)

....

....

....

원칙 4. 상상 한 줌, 하루 한 번 이상 미소 짓기 – '헬육아'에서 '꿀육아'로

Q. 엉뚱한 상상은 힘든 일상 속에서도 우리를 미소 짓게 해요. 생활에 작은 활력을 주기도 하죠. '육아는 장비빨'이란 말 많이 들어보셨죠? 육아의 고충을 해결

해 줄 이런 물품이나 서비스가 있다면 참 좋겠다 싶은 것들을 한번 떠올려 보세요.

(예 : 건망증 초보 부모를 위한 신생아 트림 확인 및 데이터 기록 보관함, 신생아 돌연사 사고 예방을 위한 경보 디바이스, 소꿉놀이 파트너 로봇 등)

....

....

....

Q. 우리 소중한 아가를 위해 세상에 단 하나뿐인 노래 가사도 한번 만들어 보세요. 좋아하거나 어울릴 만한 노래의 멜로디에 가사를 붙여 보는 것도 좋아요.

〈♬   〉

....

....

....

....

....

엄마는 제가 그 말을 못 알아들었다고 생각할 수 있지만 아니에요.
제가 아직 말로 표현은 다 못 해도 느끼고 이해하고 있다고요.
엄마가 방으로 들어와 날 꼭 안아 주기 전까지의 시간을 기다릴 수 있게 해 준 건
바로 따스하고 배려 깊은 말 한마디였어요

육아종합선물세트 1교시

아기의 성장과 발달

아기의 발달 시간표

"예린이가 개울가에서 신나게 물놀이하는데, 어느 순간 물방개가 쇽 지나가는 거야. 어른이 개입하거나 인위적인 요소 없이 자연스럽게 연출된 장면이지. 자연은 그 자체가 3D 입체 영상인 거지."

남편의 '물방개 육아론'을 듣다 보니, 19세기 독일의 천재 학자 칼 비테를 키운 그의 아버지가 살아 돌아온 듯싶었다. 칼 비테의 아버지는 풀 한 포기도, 하늘도, 꽃 한 송이도, 곤충도, 세상의 모든 것이 다 교육의 재료가 되니 아이가 자연을 벗 삼아 놀이하며 배움을 진정으로 즐기게 해주라는 '칼 비테 교육법'을 창시했다. 칼 비테의 아버지는 미숙아로 태어난 아들을 극진하게 양육해 위대한 학자로 키워냈다. 아이의 성장에 따라 적절한 교육을 하면 평범한 아이도 행복한 천재가 될 수 있음을 보여 주었다.

아기는 엄마 배 속에서부터 열 달간 다양한 감각기관의 발달을 준비한다. 세상에 나오면서 그 능력들을 차차 뽐낼 시동을 걸고 있다. 이렇게 무한히 잠재적인 능력이 있는 아이에게 세상은 놀이터이고, 부모는 탐색의 기회를 열어 아이에게 배움에 대한 적절한 자극을 주어야 한다. 문밖을 나서면 코를 살랑살랑 간지럽히는 바람을 느끼고, 그 바람에 실려 온 꽃향기를 맡고, 보드라운 솜털과 같은 천연재료를 만지다 보면 온갖 감각을 깨우는 색깔, 소리, 냄새가 아기에게 다가가 쉴 새 없이 말을 건다. 그 자체로 3D 입체영상인 자연을 체험하며 감각이 발달된다.

변화무쌍한 자연을 체험하면서 감각 발달을 위해 자극을 주는 일은 영아기에 가장 중요한 일 중 하나다. 자연 속에서 눈부시게 밝은 석양을 마주하고, 보드라운 갯벌 흙이 발가락 사이로 파고드는 감촉을 느끼고, 향긋한 꽃냄새를 맡으며 풀밭에서 실컷 뛰어놀던 어린 날의 경험은 몸의 감각에 스펀지처럼 그대로 흡수된다.

부모로서 가장 먼저 공부할 내용은 세상에 태어난 아기에게 어떤 일이 일어나는지에 대한 것이다.

이번 장에서는 자신의 몸과 마음에 일어났던 변화에 대해 24개월 아기가 할 법한 쉬운 말로 각색하였다.

아기의 뇌는 어떻게 발달할까요

아빠, 엄마! 저의 뇌에는 놀라운 일들이 벌어지고 있어요. 향기로운 꽃향기를 맡고, 신나는 동요를 듣고, 그림책을 읽고, 보드라운 촉감의 인형을 만지고, 이렇게 새로운 경험을 할 때마다 뇌 속 세포들이 빠르게 활동해요. 그럴 때 수천 개의 뉴런이 반응하면서 그 연결고리가 단단해져요. 엄마 배 속에서 나가 2살이 되기까지 저의 뇌는 폭발적으로 성장해요. 1년간 엄청나게 많은 뉴런을 빠른 속도로 만들어내 뇌의 무게도 무거워진대요. 그래서 이때가 아주 중요하다고들 하나 봐요!

하지만 한 가지 꼭 알려드리고 싶은 게 있어요. 세상으로 나간 지 3년 안에 뇌가 완성된다는 말은 사실이 아니에요. 두 살만 되어도 어른 뇌와 거의 비슷해지는 건 맞지만 그렇다고 뇌가 완성된다는 뜻은 아니거든요. 사람의 뇌는 성숙하는 데 시간이 오래 걸려요. 10대, 20대에 꾸준히 새로운 것을 배우고 익혀 40대 후반에서 60대 초반에 가장 똑똑해진다는 연구 결과를 밝힌 뇌과학자도 있어요.

그러니 아직 받아들일 준비가 되어 있지 않은 어린 저에게 너무 많은 걸 가르쳐 주려고 하진 마세요. 필요 이상의 자극은 주의력 결핍 과잉 행동 장애(ADHD)를 불러일으키는 등 뇌를 제어하지 못해 감정적 충돌과 같은 심각한 문제가 생길 수 있단 말이에요.

뇌는 부위별로 발달 시기가 달라요. 생후 0~3세에 전뇌가 고루 발달하고, 2~6세에 인성을 담당하는 전두엽이 발달해요. 6~12세에는 '과학의 뇌'라 불리는 두정엽과, 언어와 셈하기와 관련된 측두엽이 발달해요.

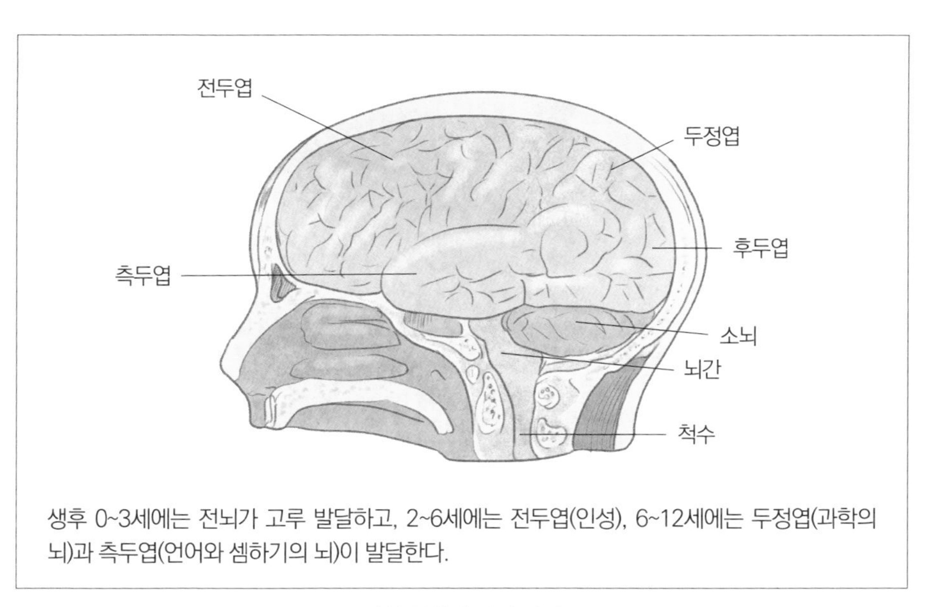

생후 0~3세에는 전뇌가 고루 발달하고, 2~6세에는 전두엽(인성), 6~12세에는 두정엽(과학의 뇌)과 측두엽(언어와 셈하기의 뇌)이 발달한다.

뇌의 부위별 발달 시기

그럼 지금은 저를 위해 엄마가 무얼 해야 할까요? 제가 처음으로 보게 된 세상을 눈으로, 코로, 손으로 다양하게 만나고 느끼게 해주세요. 뇌 발달 수준에 맞는 재미난 놀이로 세상을 경험하고, 어떻게 사람들과 돈독한 관계를 만들어가는지 배우게 해주세요. 그럼 저는 하루하루 바르고 믿음직한 아이로 쑥쑥 자라날 테니까요.

피그말리온 효과pygmalion effect라고 들어보셨지요? 긍정적인 기대나 관심이 사람에게 좋은 영향을 미치는 효과를 말해요. 어른들은 가능성이 무궁무진한 아이들을 원석에 비유하곤 하죠. 앞으로 저는 멋진 모습으로 쑥쑥 성장하기 위해 긍정적인 마음으로 최선을 다할 거예요. 그 과정에서 우리의 뇌 발달은 아주 중요하답니다. 원석이 보석으로 다듬어져 반짝반짝 빛날 수 있도록 지금처럼 저를 열심히 응원하고 사랑과 정성을 쏟아 주세요. 영원히 사랑해요!

0~24개월 아기의 뇌 발달

태어날 때 고작 350그램에 불과하던 아기의 뇌는 생후 첫 1년 사이에 성인 뇌의 66%, 2세에는 75%까지 성장한다. 뇌는 1,000억 개의 뉴런(신경세포)으로 이루어져 있는데, 이 시기에 연결회로망인 시냅스가 1만 개에서 10만 개까지 증가해 밀도가 높아져 뇌의 무게가 늘어나기 때문이다. 아기가 보고 듣고 만지는 모든 자극을 경험할 때마다 수천 개의 뉴런이 반응하면서 연결 구조인 시냅스가 견고해지는 것이다. 이렇게 돌 전후 아기의 뇌는 생애 가장 빠른 성장 속도를 보이며 '폭발적'이라는 단어 외에는 표현하기 어려울 만큼 급성장한다. 영아기(출생부터 만 2세까지)를 '급진적 성장기'라 부르는 이유다.

그런데 여기서 흥미로운 점은 이렇게 엄청난 속도로 뉴런을 만들어내고 2세 이후가 되면 불필요한 부분을 떼어 내는 '가지치기' 과정을 거친다는 것이다. 더 정확히 말하자면 적절한 자극을 받지 못하면 사라지고, 필요한 시냅스만 선택적으로 남는 것이다. 아기의 뇌가 형성되어 가는 이 과정에 대해 한 발달심리학자는 이렇게 기술했다.

'뇌가 만들어지는 과정은 흙을 계속 덧붙여 나가는 방식으로 만들어지는 것이 아니라, 원하는 형상이 될 때까지 불필요한 부분을 떼어 내고 깎아 내는 방식으로 만들어진다. 그러니까 갓 태어난 신생아의 뇌는 필요한 뇌 구조의 기본 형태를 모두 갖추고 있으되 아직 다듬어지지 않은 원석 덩어리 상태라고 생각하면 될 것이다.'

아기와 어떻게 상호작용하고 어떤 환경을 제공하는지에 따라 아기의 뇌 발달에는 많은 변화가 생긴다. 좋은 자극이 가해질 때마다 아기의 뇌에는 수천 개의 뉴런이 반응해 뉴런 간 연결 구조가 더욱 정밀해지기도 하고, 새로운 뉴런이 만들어지기도 하니 말이다. 유전과 환경의 적절한 조화를 통해 뇌가 각 개인의 고유한 특성을 가진 형태로 평생에 걸쳐 발달해 가는 과정이 경이롭다.

아기의 신체는 어떻게 발달할까요

앞으로 저의 눈부신 폭풍 성장을 보시게 될 거예요! 목도 못 가누던 제가 돌을 전후로 혼자 걷기 시작해서는 두 돌쯤에는 달릴 수도 있답니다. 몸의 큰 근육뿐만 아니라 작은 근육도 차례로 발달하는데요. 생후 9~10개월이면 엄지와 검지로 물건을 잡을 수 있고, 생후 13~18개월엔 색연필을 들고 낙서도 할 수 있어요. 생후 19~24개월이면 블록을 여섯 개 이상이나 쌓을 수 있고, 단순한 종이접기도 할 수 있답니다.

우리 몸의 다양한 기관은 서로 도와가며 움직여요. 손을 뻗어 물건을 잡을 때나 수저를 사용할 때에도 눈과 손의 능력이 연결되어 함께 움직이는 것처럼요. 신체의 발달은 각 기관이 서로 도와주는 능력을 키워 주고, 전신이 고루 발달할 수 있도록 해준답니다.

참! 아기들마다 신체 발달은 개인차가 커요. 따사로운 햇볕 아래 매일 알차게 영글어가는 열매처럼, 부모님의 사랑으로 아기들은 각자 자신의 속도에 맞게 커 가고 있어요. 속도가 조금 더디다고 성장 발달에 문제가 있는 건 아니니 너무 걱정하진 마세요. 제 시기를 놓치지 않고 차근차근 커 가는 게 속도보다 훨씬 중요하답니다.

0~24개월 아기의 신체 발달

아기는 출생 후 24개월까지 신체, 운동, 인지, 언어, 사회성, 정서 발달 면에서 눈부신 성장을 한다. 자신의 목도 가누지 못하던 아기는 대근육 운동기능의 발달로 돌 전후 혼자 걷기 시작해 18~24개월경에는 달릴 수 있다. 눈과 손의 협응이 정확해지고 소근육 운동 기능도 발달해 손뼉치기, 잡기, 움켜쥐기, 던지기 등을 할 수 있다.

세상의 모든 아기는 신체 및 운동 발달에 있어 일련의 순서에 따라 성장한다. 발달은 유전적 영향과 성숙에 따라 예측할 수 있는 형태로 일생에 걸쳐 변화하는 과정이다. 영아의 신체 발달에는 일정한 순서와 방향성을 갖는데, 다음과 같은 특징이 크게 두드러진다.

1. 위에서 아래로, 머리 쪽에서 발끝 쪽 방향으로 발달이 진행된다. 눈, 머리, 목 등의 상체가 발달한 후 앉기가 가능해지고 팔, 다리 등의 하체 방향으로 발달해 걸을 수 있게 된다. (두미 발달 원칙: 상부 → 하부)
2. 중심에서 바깥으로, 몸통 부위의 발달이 먼저 이루어진 후 팔다리의 기능이 발달하는 경향이 있다. 다리를 먼저 움직일 수 있게 된 다음 발목, 발과 발가락을 움직이는 방향으로 발달한다. (근원 발달 원칙: 중심 → 말초)
3. 전체 활동에서 세분화하고 정밀한 활동으로 발달이 진행된다. 물건을 쥘 때 손 전체로 쥐다가 그다음에는 여러 손가락을 이용하다가 점차 엄지와 검지를 이용하여 쥔다. (세분화 발달 원칙: 전체적인 활동 → 특수화된 활동)

발달은 이전에 획득한 발달이 다음 단계의 발달에 영향을 미치는 특성이 있다. 발달이 누적되면서 일어나는 효과다. 예를 들어, 앉기, 서기, 걷기 순으로 운동 발달이 진행되거나 옹알이에서 한두 단어, 문장을 말하는 것까지 순차적으로 가능해지는 것처럼 말이다.

영아기의 신체 운동 발달은 모든 발달의 기본이 된다. 인지, 언어, 사회성, 정서 발달에도 영향을 미친다. 아기가 즐겁게 신체 활동을 함으로써 자신감을 가지면, 이는 긍정적 자아를 형성하는 데도 영향을 미친다. 이 시기의 발달은 전 생애에 걸쳐 영향을 미치므로 적기를 놓치지 말고 전인 발달을 이루는 것을 목표로 자극을 준다.

아기의 감각과 인지는 어떻게 발달할까요

'코코코' 놀이는 언제나 신나요. 엄마가 손가락으로 "코코코코코 입, 코코코코코 눈, 코코코코코 귀" 하며 제 얼굴을 터치해 주셔서 이제 눈, 코, 입, 귀가 어딘지 다 알게 되었어요. 막 태어났을 때만 해도 바로 눈앞에 있는 손가락 정도만 보이고 다른 것들은 뿌옇게만 보여 답답했었어요. 엄마가 안아 줄 때 잘 보이지 않아 젖 냄새로 엄마인 걸 겨우 알아차릴 정도였죠.

태어나 3개월 동안 초점 맞추기를 했어요. 검고 하얀 모빌을 보며 초점을 맞추려고 열심히 연습했어요. 100일쯤 되니 알록달록 예쁜 색의 인형들이 눈앞에서 왈츠 음악에 맞춰 뱅글뱅글 춤추고 있지 뭐예요. 세상이 흑백에서 컬러로 보이는 역사적인 순간이었어요.

맛에 대해서도 참 할 말이 많은데요. 모유나 분유 수유를 끝내고 이유식 초기, 중기, 후기, 완료기까지 단계별로 준비하시느라 우리 엄마 정말 고생 많으셨어요! 재료 손질에, 농도 조절하랴, 까다로운 제 식성 분석하느라 신경 많이 쓰시는 것 알아요. 이제 유아식으로 시작해 밥과 국, 반찬을 먹을 수 있어요. 과일의 단맛은 다시 먹고 싶을 만큼 입맛을 다시게 되지만, 신맛이나 쓴맛은 아직 익숙하지가 않아요. 저도 모르게 얼굴이 찡그려져요.

0~24개월 아기의 감각 및 인지 발달

• 인지 발달

영아기의 인지 발달은 출생 직후부터 감각기관을 통해 주변 환경을 탐색하면서 시작된다. 시각, 청각, 촉각, 후각, 미각, 이 오감의 자극은 뇌의 발달을 돕는다. 특히 감각 정보의 80%는 시각을 통해 전달된다. 출생 직후엔 눈앞에 있는 손가락 정도밖에 보지 못할 정도로 시력이 한정되어 있지만, 3개월 무렵이 지나면 사물에 초점을 맞추고, 점차 색도 변별하기 시작한다.

• 청각 발달

청각은 엄마 배 속에서부터 발달하는 능력이다. 아빠 엄마의 목소리로 직접 자장가를 불러주거나, 다양한 악기로 구성된 음악을 들려주는 등 청각을 자극해 주는 것이 좋다.

• 후각 발달

후각 역시 엄마의 젖 냄새를 맡으며 자연스레 발달하는데, 생후 6개월 정도면 이미 다양한 냄새가 나는 사물, 장소, 사람 등을 탐지해 반응할 정도다. 아빠 냄새, 엄마 냄새에서부터 생활 속에서 공기 냄새, 음식 냄새, 비누 냄새를 식별할 줄 안다. 식초 냄새처럼 강하고 불쾌한 냄새에는 고개를 돌리거나 역하다는 표정을 짓는 등 반응을 보이기도 한다.

• 촉각 발달

촉각의 발달은 아기의 발바닥을 간지럽혔을 때의 반응을 살펴보면 쉽게 알 수 있다. 젖꼭지에 입이 닿을 때 젖을 빨기 위해 입술과 혀의 촉각 또한 민감하게 발달했다는 것을 알 수 있다. 갓 태어난 아기와 피부를 맞대고 신체 접촉을 자주 하는 것은 애착 형성과 같은 정서 발달, 두뇌 발달에도 큰 도움을 준다. 다양한 촉각을 경험하는 것은 아이의 인지 발달에 많은 영향을 미치는데, 특히 부드러운 촉감을 좋아하는 아기를 위해 옷이나 이불 등을 신중히 선택하는 것이 좋다.

• 미각 발달

아기의 미각은 태아 때부터 발달해 태어나는 순간부터 특정한 맛에 대한 선호가 확실히 나타난다. 단맛을 좋아해 한 번 맛보면 입맛을 다시지만, 신맛이나 쓴맛에는 얼굴을 찡그리고 싫어하는 반응을 보인다. 생후 4개월경에는 짠맛을 선호하는데, 미각 발달 과정상 짠맛에 반응하는 맛 세포가 성숙해지기 때문이라고 한다.

이 시기 아기들은 무엇이든 만지고 빨고 두드리며 세상을 탐색한다. 이런 활동은 아기들의 인지 발달을 촉진한다. 호기심이 왕성한 아기가 자기 주변에 있는 것들을 잘 지각할 수 있도록 다양한 놀이와 환경을 제공하는 것이 필요하다. 하지만 무엇보다 아기의 감각과 인지 발달을 돕는 최고의 육아법은 부모의 다정한 목소리와 숨결, 체온을 전하는 따뜻한 스킨십이다.

아기의 언어는 어떻게 발달하나요

태어난 지 6개월쯤 되었을 때예요. 낮잠을 곤히 자다가 일어났는데 엄마가 안 보이지 뭐예요. 엄마가 어디로 사라진 건 아닌가 불안해서 마음이 쿵쾅대기 시작했어요. 엄마가 눈앞에 안 보이면 난 아무것도 할 수 없는데 말이에요. 나도 모르게 울음이 터져 나왔어요. 그때였어요. 문밖 저 너머로 익숙한 목소리가 들렸어요.

"일어났구나. 엄마 밥하고 있었어. 우리 똥강아지 착하지? 금방 손 닦고 갈 테니 기다려."

그 차분한 목소리를 듣는 순간, 불안했던 마음이 싹 사라지더라고요. 엄마는 제가 그 말을 못 알아들었다고 생각할 수 있지만 아니에요. 제가 아직 말로 표현은 다 못 해도 느끼고 이해하고 있다고요. 엄마가 방으로 들어와 날 꼭 안아 주기 전까지의 시간을 기다릴 수 있게 해 준 건 바로 따스하고 배려 깊은 말 한마디였어요.

배고프고 졸리면 '응애응애' 울기만 했던 제가 4개월쯤 지난 어느 날 옹알이를 시작해요. '엄맘마마' 소리에 엄마는 눈물을 글썽였어요. 저는 제가 내는 말소리를 귀로 듣고는 너무나 신기해서 또 옹알옹알 소릴 냈죠. 수다쟁이 아빠 엄마가 하는 말을 따라 해보기도 했어요. 이제 제법 할 줄 아는 말도 많아졌답니다. 우유, 주세요, 멍멍, 공, 치카치카… 한 단어, 한 마디씩 배우게 된 말들은 저를 더 넓은 세상으로 데리고 가요. 이제 그 멋진 언어들은 저를 더 높이, 더 멀리 날아오를 수 있게 돕는 소중한 날개가 되어 줄 거예요.

0~24개월 아기의 언어 발달

신생아는 울음소리로 배고프거나 잠이 온다는 욕구를 표현하는데, 이를 언어의 첫 단계로 볼 수 있다. 생후 4~5개월경에는 언어와 유사한 옹알이를 시작한다. 아기는 자신이 내는 소리에 재미를 느끼고, 성인의 말소리를 듣고 흉내 내며 언어를 습득해 간다. 이때 상대방의 반응이 없으면 옹알이의 빈도는 극히 줄어든다. "우리 예린이 맘마 먹고 싶었구나, 그랬구나." 하며 풍부한 표정과 과장된 몸짓으로 옹알이에 반응하고 끊임없이 대화를 이어 나가다 보면 아기의 언어 능력이 향상된다.

아기에게 그림책을 읽어 줄 때도 "토끼가 깡충깡충 숲속을 뛰어다녀요." 하면서 손을 귀에다 대고 뛰는 동작을 흉내 내며 실감 나게 말해 주는 것이 좋다. 그때 뇌에서 놀라운 반응이 일어난다. 수천 개의 뉴런이 반응하면서 시냅스의 연결이 더욱 정교해지며 새로운 뉴런이 만들어진다.

이 시기의 언어 상호작용은 청각 지각력, 어휘력뿐 아니라 인지 발달에도 큰 영향을 미친다. 부모와 끊임없이 대화를 나누며 상호작용하는 시간을 통해 아기는 수용 언어(상대의 말을 듣고 이해하는 능력)가 확장되고, 표현 언어(자신의 의사를 표현하는 능력)로 언어 능력을 키우게 된다.

[0~12개월] 수용 언어

① 목소리나 표정, 어조에서 자신을 칭찬하고 예뻐하는지, 야단치는지 파악할 수 있다.

② 위험한 상황에 "안돼!" 하면 쳐다보고 행동을 멈추거나, 고개를 돌려 쳐다본다.

③ "짝짜꿍, 빠이빠이, 도리도리"라고 말하면서 행동을 같이 보여 주면 아기가 말의 의미를 이해한다.

[0~12개월] 표현 언어

① 알아들을 수는 없지만, '마바바' 등 여러 음절로 옹알이를 한다.

② 소리를 들려주면 비슷하게 따라 한다.

③ 자신의 의사를 표현하기 위해 손짓이나 말소리를 사용하기 시작한다.

④ 맘마, 파파 등 몇 가지 단어를 사용한다.

[12~24개월] 수용 언어

① 공, 곰돌이, 책, 물, 우유 등과 같은 친숙한 사물의 명칭과 '찌찌', '배꼽' 등 신체 부위의 이름을 안다.

② 동작을 나타내는 단어(보다, 오다, 먹다, 나가다, 앉다)와 상황을 묘사하는 단어(예쁘다, 무섭다, 재미있다) 등의 어휘를 이해한다.

③ 부정어 '없다', '하지 마' 등의 말을 이해한다.

④ 시제 '지금'을 이해한다.

⑤ 의문사 '무엇', '누구'를 이해한다.

[12~24개월] 표현 언어

① ㄴ, ㄷ, ㅎ 등의 자음을 자주 사용한다.

② 두세 음절 단어를 모방할 수 있다.

③ 친숙한 사물 5개 정도를 말한다. (예를 들어 공, 우유, 까까, 컵, 맘마 등)

④ 선택하라는 질문(우유 먹을래, 딸기 줄까?)에 적절히 응답할 수 있다.

⑤ 두 단어를 조합하여 문장을 말할 수 있다.

아기의 사회성과 정서는 어떻게 발달하나요

제가 세상에 나온 지 며칠 되지 않았을 때예요. “어머 얘, 배냇짓 하는 거 봐. 눈코 입을 쫑긋쫑긋, 어쩜 이렇게 예쁠까. 좋은 꿈이라도 꾸는 걸까? 방금 또 웃었어. 봤어? 해맑게 웃는 거 좀 봐.” 찰칵찰칵 소리가 계속 났어요. 그런데 참 이상했어요. 제가 웃으려고 웃은 게 아니거든요. 저도 모르게 입이 헤 벌어지고 배시시 웃음이 새어 나오는 걸 참을 수가 없었어요. 이상하게도 그땐 그랬어요. 하지만 이제는 엄마의 미소를 보면 기분이 좋아져서, 아빠가 저와 눈을 맞추면 행복해져서, 할머니가 실감 나게 옛날이야기를 들려주면 재미나서 까르르 소리 내어 웃지요.

전 태어날 때부터 행복, 놀람, 기쁨, 호기심과 같은 감정을 느낄 수 있어요. 그러다 점차 어른들처럼 부끄러움, 질투, 미안함, 자신감 같은 감정도 느낀답니다. 믿기지 않을 수 있지만, 제가 며칠 전에 숟가락을 들고 처음으로 음식을 입안에 쏙 넣던 날, 가족들 모두 놀라워하며 칭찬해 주셨잖아요. 그날 저 스스로 얼마나 자랑스러운지. 그뿐이 아니지요. 50일 기념촬영 때 제가 목에 힘을 주어 목을 가누기에 성공했던 날, 배를 땅에 대고 슬슬 배밀이를 시도했던 날, 아빠가 손을 내밀었을 때 한 발짝 한 발짝 앞으로 발걸음을 떼던 날… 아빠 엄마의 환호성이 또렷하게 기억이 나요.

다양한 감정들을 느끼면서 가족의 마음도 잘 보여요. TV 뉴스를 보며 목소리가 높아진 아빠는 화가 난 거죠? 엄마 표정만 봐도 오늘 얼마나 편안하고 행복한지 아니면 짜증이 난 건지 금세 알아차릴 수 있어요. 그러니 이렇게 EQ(감성지수)가 높아진 저를 꼬꼬마라고 무시하면 안 돼요. 저의 눈을 자주 바라보고 제가 무슨 말을 하고 싶어 하는지 제 마음을 읽으려고 노력해 주세요. 배가 고픈지, 놀고 싶은지, 졸린 건 아닌지, 자주 말 걸어 주세요. 그럼 저는 환한 미소와 애교로 응답할게요.

0~24개월 아기의 사회 · 정서적 발달

부모들은 갓난아기가 자면서 짧게 웃음 짓는 배냇짓을 보며 행복해한다. 하지만 배냇짓은 상호작용에 의한 것이 아니라 내부의 자극이나 신경학적인 반사에 의한 미소에 불과하다. 생후 6~10주는 되어야 엄마와 눈을 마주쳤을 때 까르르 웃는 등 외부 자극에 대한 상호작용한 반응으로 사회적 미소를 짓는다.

영아는 태어날 때부터 행복, 분노, 놀람, 공포, 혐오, 슬픔, 기쁨, 호기심 등의 정서를 갖는데 이를 '일차 정서'라고 부른다. 돌 이후 자기 인식을 시작하면서부터는 당황, 수치심, 질투, 죄책감, 자부심과 같은 정서가 생기는데, 성인 수준으로 분화된 정서를 '이차 정서' 또는 '복합 정서'라고 부른다.

영아기에 안정된 정서 발달을 위해서는 가족들의 역할이 중요하다. 평소 부모가 아기의 정서 상태를 잘 이해하고 욕구에 민감하게 반응해 아기가 자신의 정서를 편안하게 표현할 수 있는 분위기를 조성하는 것이 좋다. 가족 구성원 모두가 대화와 놀이를 통해 아기가 긍정적인 정서를 많이 경험하게 해야 한다. 자신의 느낌과 감정을 타인에게 전하는 의사 전달 능력과 정서를 인지 조절하는 능력은 사회성 발달의 기초가 된다.

영유아기에 부모가 놓치지 않고 아기에게 주어야 할 선물은
사랑과 시간이 전부라 해도 과언이 아니다.
부모와 아이가 눈을 맞추고 대화하고 살 비비며 교감하면서
서로에 대한 신뢰와 애착을 형성하는 '결정적 시기'인 것만은 분명하다.

육아종합선물세트 2교시

좋은 부모 되기

장 피아제의 인지 발달
–온몸으로 세상을 만지고 느끼며 배워요

"정말 한순간도 쉬지 않는구먼. 눈에 보이는 건 만져보고 코로 냄새 맡고 입으로 빨아보면서 꼭 확인하는구나! 세상을 향한 탐구 정신, 정말 칭찬해."

친구가 집에 놀러 왔을 때 예린이를 보며 했던 말이다. 돌쟁이 아기는 호기심에 가득 차 집 안 곳곳을 돌아다니며 만지고 두드려보고 입으로 빠느라 바쁘다. 세상의 사물을 대상으로 나름의 탐구와 실험을 거듭하면서 아기는 성장하고 있는 것이다.

지금 우리 똥강아지는 감각운동기에 있다. 감각운동기는 스위스의 심리학자 장 피아제Jean Piaget의 인지 발달 이론의 첫 단계로, 영유아가 세상을 감각과 운동을 통해 이해하는 단계를 말한다. 피아제는 아이들의 사고체계는 어른과 근본적으로 다르다는 주장을 펼치며 인지 발달 4단계를 제시했다. 당시에는 아이는 어른의 축소판이라는 생각이 지배적이었는데 이를 완전히 뒤집는 발상이었다.

피아제는 IQ 검사의 창시자인 알프레드 비네Alfred Binet가 운영하던 프랑스 파리의 한 학교에서 일한 적이 있었다. 그때 어린아이들의 답안을 보면서 어른들에게선 볼 수 없었던 반복적인 사고 패턴을 발견했다. 이를 통해 '지능 발달은 일련의 단계를 거친다'는 피아제의 인지 발달 이론이 나왔다. 나이가 몇 살 많다고 더 빨리 생각하는 게 아니라, 사고의 질과 양에서 차이가 난다고 주장했다. 예를 들면, 2~7세에는 같은 양의 물이라도 더 길거나 높은 비커에 있으면 더 많다고 생각한다. 하지만 7~11세에는 보존 개념이 생겨서 높이나 길이, 모양이 달라도 물의 양이 같다는 걸 이해하게 된다. 아인슈타인도 피아제의 이런 발견을 놀라워하며 극찬했다.

피아제의 인지 발달 단계는 ①감각 운동기(0~2세), ②전조작기(2~7세), ③구체적 조작기(7~11세), ④형식적 조작기(11세 이후)의 4단계로 이루어진다.

감각운동기(0~2세)

시각, 청각 등의 감각과 운동 기술을 사용해 외부 환경과 상호작용하는 시기다. 아기는 사물을 입으로 빨거나, 감촉으로 느끼며 세상을 탐색한다. 사물이 시야에서 사라진다면 대상을 인식하지 못하다가 차츰 보이지 않아도 어디엔가 여전히 존재한다는 사실을 이해해 대상 영속성 개념을 습득한다.

전조작기(2~7세)

논리적인 사고를 하기 이전 단계다. 같은 양의 물을 다른 모양의 그릇에 넣으면, 눈에 보이는 모양만을 보고 물의 양을 판단한다. 이처럼 크기, 모양, 색깔 등 도드라지게 나타나는 한 속성에 의존해 사물을 이해하려 한다. 또한 자신의 생각만 옳다고 생각하는 자기중심적 태도를 보이므로 소꿉놀이, 역할극 등을 통해 상대방의 입장을 이해할 수 있도록 도와주어야 한다.

구체적 조작기(7~11세)

생각의 범위가 눈에 보이는 구체물에 국한되어 구체적 조작기라 불린다. 인과관계를 이해하고, 논리적 사고를 시작한다. 자기중심적 사고가 줄어들고 단체에 대해 이해하게 된다.

형식적 조작기(11세 이후)

실제 대상이 눈에 보이지 않더라도 머릿속으로 추상적으로 생각해 문제해결 방안을 찾을 수 있다. 논리적인 추론이 가능하며, 자유, 정의, 사랑과 같은 추상적인 개념을 이해할 수 있다.

똑똑한 육아 Tip

엄마 아빠, 이렇게 해주세요!

- 논리적 사고의 기초가 되는 경험과 탐색의 기회를 충분히 제공해 주세요.
- 호기심이 왕성해 무엇이든 해보려는 욕구가 강한 아기를 항상 주의 깊게 관찰해야 해요. 안전사고가 발생하지 않도록 집 안 사물과 도구를 위험하지 않게 배치하세요.
- 얼굴을 가렸다가 다시 보여 주는 까꿍놀이는 아기에게 마법처럼 느껴져요. 대상 영속성을 키우는 놀이로 아이의 발달은 물론 안정적인 애착을 형성하는 데도 도움이 돼요.
- 들춰보며 대상 영속성을 키울 수 있는 플랩 북을 활용한 그림책 활동을 해보세요.
- 아이의 옹알이에 완성된 문장으로 되받아 반응해 주거나 그림책을 읽어 주며 언어 자극

을 해주세요.

- 가족의 말과 행동을 관찰, 모방하는 모델링 시기인 만큼 모범적인 모습을 보여 주는 것이 좋아요.

프로이트의 심리와 성적 발달
-구강기에는 입으로 빨고 핥으며 세상을 탐색해요

오이디푸스 콤플렉스에 대해 한 번쯤 들어본 적이 있을 것이다. 아들이 동성인 아버지에게는 적대적이지만 이성인 어머니에게는 호의적이며 무의식적으로 성적 애착을 가지는 복합 감정을 말한다. 그리스 로마 신화에 등장하는 오이디푸스 이야기에서 유래한다. 남자아이에게 엄마는 세상에 태어나 처음으로 만나는 이성이어서 집착을 하기도 한다. 엄마의 사랑을 쟁취하고 싶은 마음에 자신보다 절대적으로 우월한 아버지에게 반항심을 갖게 되고 끝내 좌절감을 느낀다.

오스트리아의 심리학자이자 신경과 의사였던 프로이트Sigmund Freud가 이 주장을 펼칠 당시 반대 의견에 부딪히기도 했다. 하지만 프로이트는 오이디푸스 콤플렉스는 모든 신경증의 원형이라고 가르치며 인간의 근원적 욕망의 하나로 보았다.

의식과 무의식을 바탕으로 성격 발달을 다룬 프로이트는 삶의 본능을 성에 대한 욕구로 해석했으며 성 에너지인 '리비도'에 관해 다루었다. 태어난 후 발달 과정에 따라 리비도는 신체 각 부위를 옮겨 다니는데, 이에 따라 성격 발달 단계를 구분한 리비도의 첫 단계가 바로 구강기다. 입으로 모든 욕구를 충족하는 단계다.

프로이트는 심리적, 성적 발달 단계를 ▲구강기(0~1세), ▲항문기(1~3세), ▲남근기(3~6세), ▲잠복기(6~12세) ▲생식기(12세 이후) 의 5단계로 나눈다.

구강기(0~1세)

리비도가 입 주위에 집중되는 시기다. 아기는 무엇이든 입으로 가져가 오물오물 씹고, 빨고, 핥고, 물면서 욕구를 충족한다. 충분히 욕구가 충족되면 음식을 즐기며 낙천적인 성격의 소유자가 되고, 그렇지 못하면 손톱을 물어뜯거나 언쟁을 즐기는 성격이 된다.

항문기(1~3세)

리비도가 항문에 집중되는 시기다. 배변 훈련으로 조절과 통제를 배워 자율성이 발달하고 리더십이 있는 아이로 성장할 수 있다. 밤낮 할 것 없이 배변 활동하는 아기가 스스로 화장실에 갈 수 있는 습관이 들 때까지 부모는 인내심을 가지고 친절하게 설명하며 훈련해야 한다. 느긋한 마음으로 배변훈련을 하고, 적절히 칭찬해 줄 때 이 시기의 욕구가 충족되고, 생산적이고 창의적인 성격 형성의 기초가 된다.

남근기(3~6세)

남자아이든 여자아이든 모든 중심이 남근으로 집중되는 시기다. 프로이트는 이때가 인격 형성에 가장 결정적인 시기라고 주장했다. 남아는 어머니를 독차지하려고 아버지를 경쟁 상대로 하여 대결하려는 '오이디푸스 콤플렉스'를 갖는데, 이후 아버지에게 굴복하고 증오를 선망으로 바꾸어 넥타이를 매는 등 동일시하는 방식으로 콤플렉스를 극복한다. 여아의 경우 자신이 갖지 못한 남성의 성기를 부러워하는 남근 선망 현상을 나타내고 그 책임을 어머니에게 돌려 적대감을 나타내는 '엘렉트라 콤플렉스'를 갖게 된다. 역시 어머니와 자신을 동일시하는 방식으로 극복해 나간다.

잠복기(6~12세)

리비도가 무의식 속에 잠복해 성 충동의 영향을 덜 받는 비교적 고요한 시기다. 주위 환경에 대한 지적 탐색이 활발해져 운동, 친구 사귀기, 공부, 취미 등 다양한 사회적 상호작용들을 경험하게 되며 도덕적인 관념도 정립하는 시기다.

생식기(12세 이후)

사춘기에 접어들면서 억압되어 있던 리비도가 무의식에서 의식세계로 뚫고 나오는 시기다. 성숙한 성 정체감 형성이 중요한 시기로, 에너지를 원만히 다루지 못하면 이성과의 관계 형성이 어렵거나 반항, 비행 등의 문제가 생길 수 있다.

똑똑한 육아 Tip

엄마 아빠, 이렇게 해주세요!

- 아기가 빨고 핥으며 입으로 자유롭게 탐색하는 행동을 허용하되, 안전을 최우선으로 살펴야 해요.
- 성격 형성의 시기별 특징을 이해하고, 세상에 나와 처음 겪는 일들에 대해 친절하게 알려주고 도와주세요.
- 아기가 언제 배고파하는지 알아차려 편안한 상태에서 수유하고, 항상 따뜻한 미소와 사랑으로 아이를 대하세요.
- 아기가 입으로 탐색할 만한 물건은 깨끗하게 씻거나 닦아주세요.

- 목으로 삼키면 위험한 물건은 반드시 치워주세요. 건전지, 구슬, 부러지기 쉬운 플라스틱, 작은 조각 등도 위험하니 아기 손에 절대 닿지 않게 해주세요.
- 구강기 욕구가 적절히 충족되면 낙천적이고 먹는 것을 즐기게 돼요.
- 무조건 빨지 못하게 하기보다는 치아발육기, 공갈젖꼭지 등 안전한 육아용품으로 자극을 채워 줄 수 있도록 도와주세요.
- 공갈젖꼭지를 돌 이후까지 지나치게 사용하면 아기의 치열이 고르게 자라는 것을 방해해요.
- 두 돌이 지났는데도 구강기 고착이 나타난다면 아기에게 스트레스나 불안 요소가 있지는 않은지 살피고, 필요하다면 전문의와 상의하세요.

에릭슨의 사회성 발달
–세상에 대한 신뢰를 갖는 아주 중요한 시기예요.

프로이트의 이론에 대해 한참 이야기하던 중 남편이 의문을 제기했다.

"어린 애들이 쪽쪽이를 물면서 잠을 청한다든지, 무엇이든 물고 빠는 걸 보면 구강기에 대한 설명은 상당히 일리가 있어 보여. 하지만 이상한 점이 있어. 성적 욕구만 너무 강조한 점과 꼬꼬마 때 형성한 성격이 영원히 변하지 않는다고 보는 건 무리가 있다고 봐."

"오, 프로이트 이론의 한계로 비판받는 점들을 잘 찾아냈네. 프로이트는 인생 초기에 형성된 성격이 변하지 않는다고 보았는데, 이와 달리 '인간의 발달은 사회문화적 환경의 영향을 받아 전 생애에 걸쳐 이루어진

다'고 본 학자가 있어. 에릭 에릭슨Erik Homburger Erikson이라는 심리사회적 발달 이론을 수립한 덴마크 출신의 미국 정신분석가야. 에릭슨은 지금 똥강아지의 시기를 어떻게 표현한 줄 알아?"

"글쎄, 프로이트와 달리 사회문화적 환경의 영향을 강조했다니, 아무래도 부모와 관계가 있지 않을까?"

"에릭슨은 유아기(0~2세)를 아기가 세상을 신뢰하느냐 마느냐를 정하는 아주 중요한 시기라고 말했어. 인간은 시기별로 사회심리학적 갈등이 있는데, 그것을 잘 해결하면서 성숙한다고 보았지. 각 단계에 맞는 발달 과업을 잘 해내면 다음 단계도 잘할 힘이 생긴다고 말이야."

독일 출생의 미국 정신분석학자인 에릭슨은 심리사회적 발달 이론을 정립했다. 인간은 유아기부터 노년기까지 전 생애에 걸쳐 총 8단계를 통해 발달한다는 것이다. ①신뢰감 또는 불신감(유아기, 0~2세), ②자신감 또는 수치심(아동기, 2~3세), ③주도성 또는 죄책감(유희기, 4~5세), ④근면성 또는 열등감(학령기, 6~11세), ⑤정체성 확립 또는 역할 혼란(청소년기, 12~20세), ⑥친밀감 또는 고립(성인기, 20~35세), ⑦생산성 또는 침체(중년기, 36~55세), ⑧자아 통합 또는 절망(노년기, 55세 이상)의 8단계로 이루어진다.

유아기(0~2세)

신뢰 혹은 불신이 생기는 시기다. 주 양육자와 어른들로부터 충분한 영양 공급과 따스한 보살핌을 받는다면, 보호자를 믿고 더 나아가 세상에 대한 신뢰감을 느낀다. 프로이트의 구강기에 해당하는 이 단계를 에릭슨은 '양육자와의 관계'를 중심으로 해석했다. 에릭슨에 따르면, 이 단계에 속하는 아기들이 해결해야 할 과제는 '신뢰'다. 아기는 어른과의 상호작용을 통해 욕구가 만족스럽게 충족될 때 자신이 살아갈 세상을 믿을 만한 곳이라 느껴 계속해 탐험할 용기를 낼 수 있다는 것이다.

아동기(2~3세)

자신감 혹은 수치심 형성의 시기다. 걸음마, 배변훈련 등이 이루어지는 시기인데, 이때 아기의 행동을 부모가 칭찬하고 격려하면 자신감이 생겨 독립심을 키울 수 있다. 반대로 아이의 자율성을 지나치게 간섭하면 아기는 수치심을 느끼고 자신의 능력에 대해 의문을 품는다.

유희기(4~5세)

주도성 혹은 죄책감의 시기다. 신체 성장과 더불어 언어와 사고력이 높아지면서 자기 마음대로 하려는 성향이 생기는데, 이때 스스로 할 수 있는 것을 허용하고 격려하면 아이의 자율성과 독립심을 키울 수 있다. 혼내거나 의지를 꺾으면, 수동적이고 내성적인 성격이 될 수 있다.

학령기(6~11세)

근면성 혹은 열등감의 시기다. 체계적인 교육이 시작되면서 가족 외에도 선생님을 만나 교육을 받으며 근면을 배우게 된다. 노력 후 성취하면 근면성이 생긴다. 지식과 인지 능력이 높아지고 신체와 운동기능도 발달하는 시기인 만큼 성취 기회를 제공하고, 아이를 격려하는 분위기를 조성해 주는 것이 중요하다.

청소년기(12~20세)

자아 정체성 확립 혹은 역할 혼란의 시기다. 신체의 급격한 발달에 정신적 성숙함이 따라오지 못하는 불균형이 생긴다. 에릭슨은 사춘기를 인생에서 가장 중요한 갈등과 만나는 시기라 보았다. 잠재 능력을 발휘해 자아 정체성을 확립하고, 정상적인 사회화에 다가서야 한다고 말한다.

똑똑한 육아 Tip

엄마 아빠, 이렇게 해주세요!

- 친절하고 따뜻하며 일관성 있는 양육 태도가 중요해요. 그런 양육 태도가 아이에게 정서적 안정, 자기 확신, 삶에 대한 긍정적인 태도를 줄 수 있어요.
- 충분한 영양 섭취, 원활한 배변 활동을 도와주세요.
- 아이의 울음에 즉각적으로 반응해 주세요. 신뢰감이 쌓여 아이는 세상을 안전한 곳으로 인식합니다.
- 할머니나 보육교사 등 다른 사람이 주 양육자가 되면 아이가 혼란스러울 수 있으니 되도록 주 양육자를 자주 바꾸지 않는 것이 좋아요.

몬테소리의 감각 발달
–스펀지처럼 배우며 발달하는 무의식적 흡수기예요

아이들을 풀어 주세요. 비가 올 때 밖에서 뛰놀거나, 물웅덩이나 이슬에 젖은 풀밭을 발견하고 신발을 벗을 때도 아이들이 맨발로 놀게 놔두세요.

- 마리아 몬테소리 -

친정이 지방이다 보니 육아휴직을 끝내고 복직한 후에는 시어머니께 아기를 맡기고 있다. 시아버지의 표현을 빌리자면, 어머니는 '육아의 달인 중 달인'일 정도로 아이 상태를 보고 순간순간 필요한 것들을 잘 파악하신다. 오죽하면 내가 시어머님 성함 중 마지막 글자를 따 '구테소리'라는 별명을 붙여드렸을 정도다.

시어머니는 날이 좋으면 양동이와 모래놀이 세트를 챙겨 놀이터에 데리고 나가 알록달록한 장난감 삽과 모래채로 실컷 놀이할 수 있게 한다. 흩날리는 꽃잎들을 흠뻑 맞아볼 수 있게, 시원한 물에 발을 담가 첨벙첨벙 놀 수 있게 해주니 아이의 표정에 미소가 떠나지 않는다. 건강한 유아식에 놀이교육에 실감 나게 그림책까지 읽어 주는 광경을 지켜보다 보면 몬테소리도 아마 울고 갈 거라며 가족끼리 우스갯소리를 한다.

"여보, 몬테소리가 원래 의사였던 거 알아?"

"정말? 처음부터 학습지 회사 아니었고?"

"마리아 몬테소리Maria Montessori는 이탈리아 최초의 여성 의학자이자 심리학자, 아동교육자였어. 로마정신병원의 의사로 근무하다가 지적 장애가 있는 아이가 바닥에 떨어진 빵 부스러기로 노는 모습을 관찰하게 된 거야."

"오, 흥미로운데? 그게 놀잇감이 된 거구나."

"맞아. 손가락을 움직일 수 있는 장난감을 아이들에게 주었을 때 감각, 지능, 행동이 향상되는 것을 알게 된 거야. 몬테소리 여사는 '감각 자극을 통한 교육'에 확신이 생겼어. 의학적으로뿐만 아니라 교육적인 치료의 필요성을 절감해 몬테소리 교육법을 고안하고, 세계 최초로 어린이집을 건립하게 되지."

이탈리아의 교육자이자 철학자, 정신과의사였던 몬테소리는 노동자 자녀들을 위한 유치원인 '어린이의 집Casa dei Bambini'을 열어, 우리가 아는 몬테소리법에 기준을 둔 교육을 했다. 몬테소리는 인간의 발달 단계를 크게 6단계로 보았다. ①무의식적 흡수기(0~3세), ②의식적 흡수기(3~6세), ③아동기(6~12세), ④사춘기(12~15세), ⑤청년기(15~18세), ⑥성인기(18~24세)이다.

무의식적 흡수기(0~3세)

유아기의 전기로, 씨앗을 심는 단계에 비유한다. 주변 환경에서 보고 듣고 느끼는 모든 것을 그대로 스펀지처럼 흡수한다. 타고난 발달 욕구에 따라 모든 본능과 감정을 투입해 세상을 탐험한다. 앞으로의 발달에도 큰 영향을 미친다.

의식적 흡수기(3~6세)

유아기 후기로, 자신이 좋아하고 잘하는 것을 탐색하며 전 단계에서 흡수한 감각을 정교화하는 시기다. 무의식적 수준에서 흡수한 지식을 의식적 수준으로 끌어올린다. 좋아하는 것을 경험하고자 하는 의지가 강해 스스로 많은 작업을 시도하고 성취하면서 이전에 형성된 능력과 통합시킨다.

아동기(6~12세)

마치 나무줄기가 튼튼하게 자라나는 것처럼 호기심이 많고, 배우고자 하는 의지가 강해 지적 발달이 왕성하게 이루어지는 단계다. 추상적인 세계를 이해하게 되며 상상력을 발휘할 수 있다. 도덕성 발달로 자신의 잣대에 맞춰 스스로 옳고 그름을 판단한다. 사회성이 싹트기 시작하므로 다양한 체험활동과 탐방으로 학습 능력도 키울 수 있다.

사춘기(12~15세)

청소년 전기로, 신체적·정신적으로 큰 변화를 겪는다. 나뭇잎이 자라고 꽃이 피어나는 성숙 단계다. 신체와 심리 발달에서의 불균형이 일어나기도 한다.

청년기(15~18세)

청소년 후기로, 좋아하는 것에 더욱 깊이 빠져드는 시기다. 자신이 평생 추구하고자 하는 진로 방향으로 한 걸음 더 나아가고자 한다. 가족이라는 울타리 안에 속하고 싶으면서도 독립하기를 원하는 마음 사이에서 갈등을 겪는다.

성인기(18~24세)

아동 발달 과정에서 성장 발달이 완성되는 마지막 단계다. 이전의 발달 단계를 잘 거쳐 왔다면, 사회의 한 일원으로 성장해 자신의 역할을 찾는다.

똑똑한 육아 Tip

엄마 아빠, 이렇게 해주세요!

발달이 최고조로 일어나는 결정적 시기인 '민감기'에 주목해야 해요. 영·유아기에는 시기별로 특정한 영역의 발달이 활발하게 일어나는데, 이를 '민감기'라 불러요. 무엇에 민감한가에 따라 언어의 민감기, 운동의 민감기, 작은 사물의 민감기, 질서에 민감한 시기 등으로 불려요. 아이들의 에너지가 집중된 민감기에 부모가 해당 자극을 충분히 줄 수 있는 환경을 조성하고, 상호작용하는 것이 중요해요. 몬테소리가 분류한, 나이에 따른 민감기의 종류를 살펴보세요.

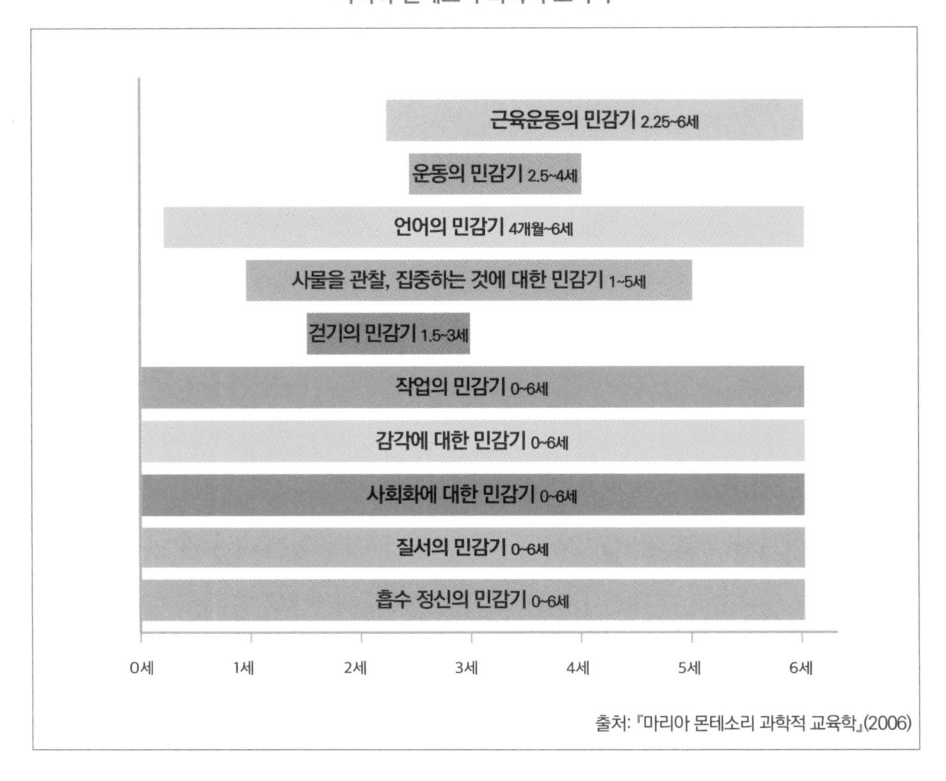

출처: 『마리아 몬테소리 과학적 교육학』(2006)

영아기에 나타나는 대표적인 민감기예요. 영역별 민감기는 해당 능력을 학습하는 데 가장 적절하고 중요한 시기이므로, 적절한 교육환경을 제공해 주어야 해요.

질서의 민감기(0~6세)

아이가 위치, 장소, 시간, 순서에 따르는 질서에 강하게 집착하며 반응하는 특성을 보인다. 아이가 찾는 물건이 익숙한 자리에 없으면 화를 내거나 울며 격렬하게 항의한다. 질서에 집착하는 현상은 지능이 발달하고 추상적 사고가 가능해지면 점차 사라진다. 부모는 아이의 정서적 안정과 생활습관 형성을 돕기 위해 정돈되고 안정감 있는 환경 속에 질서를 유지하도록 노력해야 한다.

감각의 민감기(0~6세)

감각 민감기는 출생 직후부터 시작되며, 아기는 가능한 한 모든 감각적 능력을 습득하려는 욕구가 있다. 이 시기에 보고, 맛보고, 냄새 맡고, 만지는 것으로 탐색하여 흡수한 감각적 기억은 나이가 들어 기억력이 퇴화한 후에도 남아 있다. 혀와 손을 사용하는 민감기는 지능의 발달과도 밀접한 관련이 있으며, 감각의 습득은 삶의 전반에 큰 영향을 미치므로 세심하게 관찰하고 지원해 줄 필요가 있다.

걷기의 민감기(1.5~3세)

몬테소리는 아이의 걷기를 제2의 출생으로 볼 정도로 중요하게 인식했다. 부모는 아이가 안전하게 움직이며 신체 동작을 연습할 수 있도록 도움을 주어야 한다. 보행기를 태우는 것보다는 신체를 스스로 조절하며 움직여 걷기 능력을 획득할 수 있게 돕는다.

작은 사물에 관찰, 집중하는 민감기(1~5세)

눈에 잘 보이지도 않을 만큼 매우 작고 섬세한 물건에 몰입하는 민감기에는 아이의 관심과 흥미를 존중하고 몰입할 수 있게 지켜봐 주어야 한다. 특히 자연 속에서 다양한 생물들을 직접 관찰하고, 자연의 신비를 탐험할 수 있는 특별한 시기로 만들어 가는 것이 좋다. 눈과 손, 발의 협응력과 주의집중력을 키울 수 있다.

언어 민감기(4개월~6세)

아이들은 어른이 말하는 입을 관찰하고, 소리를 듣고 모방하여 반복하는 것을 좋아한다. 특히 2~4세는 언어의 폭발기라 불리는데, 옹알이를 거쳐 단어를 말하다가 두 문장과 단어에서 점점 복잡한 문장구조를 말하게 된다. 30개월이 되면 200~300개, 6세가 되면 수천 개의 단어를 알게 된다. 언어적 상호작용의 기회를 풍부하게 제공해야 한다. 풍부한 어휘와 정확한 발음으로 천천히, 반복적으로 언어를 들려주어 아이가 말하기를 즐기며 연습할 수 있게 격려한다.

사교육에 휘둘리지 않을 팩트 체크

상가에 유모차를 끌고 나가면 나를 따라와 아기가 몇 개월인지 묻는 사람들이 꼭 있다. 이유인즉, 시간 있으면 아기 발달검사를 한번 받아보라는 것이다. 다음 시나리오를 익히 들어 알고 있기에 항상 쿨하게 거절했다. 그들은 분명 아기의 인지 능력이나 언어발달 면에서 또래 아이들보다 어떤 점이 부족하다는 식으로 말할 것이다. 그런 말을 들으면 부모라면 열이면 열 모두 불안함에 눈빛이 흔들릴 테고, 그들은 그 기회를 틈타 비싼 전집이나 자체 개발했다는 교구, 프로그램을 늘어놓고 권할 것이다. 문득 지인의 농담이 떠오른다. 발달 심리학자나 교육학자의 이름을 따 만들어진 교육 프로그램들이 그렇게 상품화되어 고가에 팔리고 있는 걸 그분들이 알면 화들짝 놀라 다시 살아 돌아올 거라고.

그런데 미안한 부모의 마음을 부추기는 업계 생리를 누구보다 잘 알고 있는 나임에도 불구하고, 돌 무렵이 되었을 때는 갈대처럼 마음이 흔들렸다. '지금은 알지 못한 무언가를 놓치고 나서 나중에 후회하는 일이 생기면 어쩌지', '남들은 다 해 주는데 아이에게 미안해지지 않을까' 하는 불안감이 스멀스멀 올라왔다.

어느 날, '사교육 걱정 없는 세상'이라는 단체에 신청했던 책자가 집에 도착했다. 걱정하던 나에게 '잘하고 있으니 걱정은 붙들어매라'며 힘을 주는 문구 하나에 시선이 꽂혔다.

"학습이 아닌, 신뢰와 애착을 만드는 결정적 시기!"

우리는 대다수 사교육 업계에서 말하는 '결정적 시기'라는 문구에 대해 제대로 이해해야 한다. 우리는 결정적 시기를 인지 발달을 위한 시기여서 놓쳐서는 안 된다고 오해한다. 하지만 뇌 교육 권위자인 김영훈 소아정신과 전문의에 따르면, 영아 시기의 기초발달은 '자연을 접하면서 부모와 함께 스킨십하고 즐겁게 놀이하는 정도의 교육이면 충분하다'고 한다. 과잉자극을 받는 것은 아무 효과가 없다는 것이다. 특히나 생후 24개월까지는. 이것을 전문 용어로 '경험 기대적 발달(기초발달)experience expectant process'이라고 한다.

시각, 청각과 같은 감각이나 운동기능, 모국어, 정서와 같은 인간의 기초발달은 태어날 때부터 생후 36개월까지 이미 정해진 시간표에 따라 이루어진다. '늑대소년'처럼 인간 사회에 필수적인 행동체계나 언어 습득에 대한 자극을 일부러 박탈당한 극단적인 사례가 아니라면, 남보다 몇 배 더 자극을 준다고 해서 이 발달이 크게 앞당겨지거나 강화 효과가 커지지 않는다.

인간의 뇌 발달

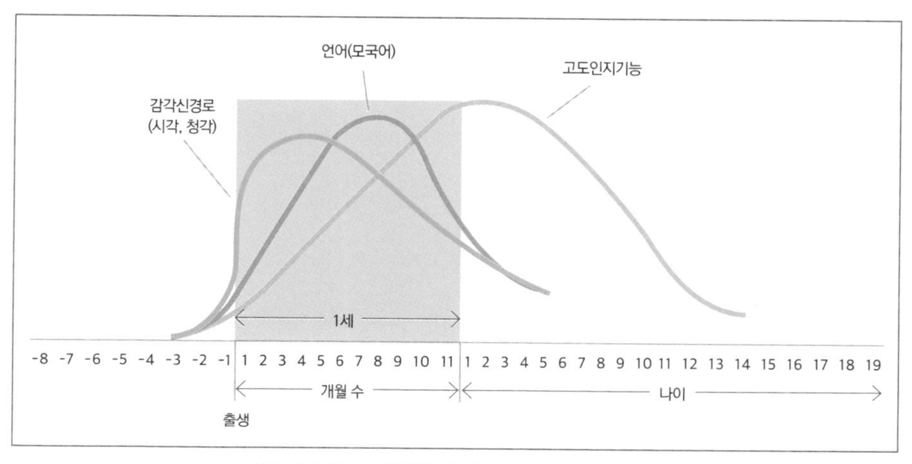

출처: C.A. Nelson (2000). Credit: Center on the Developing Child at Harvard University

이와 대비되는 개념이 하나 더 있다. 바로 경험 의존적 발달experience dependent process이다. 학습, 독서, 외국어, 피아노 연주, 피겨 스케이팅, 바둑 등이 대표적이다. 개개인의 고유한 학습이나 경험에 따라 시냅스가 새롭게 연결되거나, 특정 시냅스 연결이 선택적으로 강화되는 것으로 배움의 시기가 따로 정해져 있지 않다. 이 발달은 언제 처음으로 노출되느냐가 중요한 것이 아니라, 얼마나 지속해서 노출되었는지, 즉 시간의 '길이'가 중요하다.

사교육 업계에서 강조하는 '결정적 시기'라는 말에서 간과되는 점이 있다. 평생에 걸쳐 이루어지는 뇌 발달을 생애 초반의 한시적인 기간에 끝나는 것으로 본다는 점이다. 이는 사실과 다르다. 신성욱 과학 저널리스트에 따르면 인간의 뇌는 40대 후반에서 60대 초반에 이르러 가장 똑똑해진다고 한다. 시냅스의 밀도가 생후 2~12개월 무렵 최고조에 달한 후 하강곡선을 그리는데, 이것만 보고 3세 이전에 뇌의 모든 것이 결정된다는 가설은 낡은 이론이라는 것이다. 해부학적 기본 구조인 하드웨어만으로 보자면 그럴지도 모르지만, 이는 인간의 경험과 노력으로 이루어지는 소프트웨어의 발달을 전혀 고려하지 않은 주장이다.(출처 : 사교육 걱정 없는 세상 '안심해요 육아')

학부모들의 관심이 가장 많은 외국어 습득에서도 마찬가지다. 실제 네이티브만큼 영어를 잘하는 EBS 영어 강사 래퍼 유(유준영 강사)는 청소년기에 알파벳부터 시작했다고 한다. 뇌 교육 전문가 역시 '모국어에 최소한 5,000시간 이상 노출된 후, 모국어로 만들어진 센스나 시냅스, 사고력을 가지고(경험 기대적 발달) 외국어를 학습(경험 의존적 발달)하는 게 효율적'이라고 조언한다. 언어 습득의 과정이나 방법에 관한 한 학자마다 의견이 분분하지만, 확실한 건 적어도 돌을 전후한 아이에게까지 부담을 지울 필요는 없다는 것이다.

영유아기에 부모가 놓치지 않고 아기에게 주어야 할 선물은 사랑과 시간이 전부라 해도 과언이 아니다. 부모와 아이가 눈을 맞추고 대화하고 살 비비며 교감하면서 서로에 대한 신뢰와 애착을 형성하는 '결정적 시기'인 것만은 분명하다. 아기에게 엄마 아빠의 사랑이 듬뿍 담긴 스킨십은 생존 필수 요소다. 세상에 처음 나와 모든 것이 낯설고 두려운 아이에게 스킨십을 통해 교감을 나누는 일은 인큐베이터 이상의 역할을 한다. 의사들조차 살리기 어렵겠다고 한 갓난아기의 생명을 '캥거루 케어'로 살려낸 기적 같은 일도 있다. 캥거루 케어는 새끼를 낳아 배 주머니에 넣어 6개월에서 1년 정도 키우는 캥거루처럼, 아기와 양육자가 최대한 밀착할 수 있게 배 위에 아기를 올려놓고 양육하는 방법을 말한다. 어릴수록 더 많이 안아주어 서로의 피부와 체온을 느끼며 교감을 나누어야 한다.

아기와 눈을 맞추며 로션으로 마사지를 하거나, 서로 볼을 맞대고 코를 비비며 장난치면서 웃는 것, 무릎 위에 앉혀 놓고 머리를 쓰다듬으며 그림책을 읽어 주는 것 모두 스킨십이다. 이러한 신체적, 정서적 교감을 통해 아기와 부모 모두 평온함과 행복감을 느낀다. 부모 역시 아기와의 스킨십으로 우울감이나 불안지수를 낮출 수 있다는 연구 결과도 있다.

이러한 안정된 정서를 바탕으로 아이의 뇌는 평생에 걸쳐 성장한다. 초등학교 학부모 상담을 하다 보면 이 시기를 잘 보내지 못해 부모와의 관계가 삐걱대기 시작하거나 학습, 생활습관 등에 문제가 생긴 경우를 어렵지 않게 만날 수 있었다. 이 시기에 부모의 잘못된 판단으로 아직 받아들일 준비가 되어 있지 않은 어린아이에게 인지 발달만을 위한 학습 부담을 과도하게 주거나 필요 이상의 자극으로 많은 것을 가르치려는 것은 오히려 아이에게 독이 되어 주의력 결핍 과잉 행동장애ADHD와 같은 문제를 일으킬 수 있다.

두 돌까지 중요한 3가지 과제

1대 과제: 대상 영속성

대학교 1학년 때 교육학 개론을 배우며 가장 궁금하고 직접 확인하고 싶었던 개념 중 하나가 ‘대상 영속성’이었다. 스위스의 심리학자 피아제Jean Piaget가 인지 발달 이론Piaget's theory of cognitive development에서 제시한 개념이다.

그는 1925년 첫딸 재클린이 태어난 후 아이가 어떻게 사고하는지에 관심을 두고 인지적 행동에 대해 관찰하기 시작했다. 아이마다 각자의 속도는 다를 수 있을지언정 아이에게는 선천적으로 정해진 사고력 발달 시간표가 있다는 이론으로, 그는 이 인지 발달 과정을 감각운동기, 전조작기, 구체적 조작기, 형식적 조작기 등 4단계로 분류했다. 그중 첫 번째 감각운동기(0~2세)의 가장 중요한 특징 중 하나로 ‘대상 영속성’을 꼽았다.

대상 영속성은 대상이 보이지 않을 때도 여전히 그것이 존재한다는 것을 이해하는 능력이다. 생후 6개월부터 나타나기 시작해 감각운동기 후반부(생후 8~24개월)까지 점차 완성되어 간다.

그러고 보면 우리 집 아기도 2개월 무렵에는 가만히 누워서 종일 모빌만 보는 게 일상이었다. 뽀뽀 세례를 퍼붓던 아빠가 시야에서 사라져도 알아채지 못했다. 이는 대상 영속성이 발달하지 않았기 때문이다. 6개월 차에 접어들면서부터는 하루 종일 엄마와 아빠의 움직임을 살피느라 부쩍 바빠졌고, 엄마 껌딱지 역할을 충실히 수행하기 시작했다. 9개월에 접어든 후에는 아주 꼿꼿한 자세로 베이비 가드를 잡고 일어서서는 안아줘, 놀아줘, 간식 줘 이야기하기에 바빴다. 주방으로, 화장실로, 다른 방으로 이동하더라도 눈앞에 보이지 않는 아빠와 엄마의 존재가 사라지지 않는다는 걸 차츰 깨달아갔다.

좀 더 구체적인 예로 6개월 무렵 실제로 인형 실험을 해본 적이 있었다. 그때는 아이가 갖고 놀던 인형을 갑자기 숨겨 버려도 이상하게 애타게 찾지 않고, 금세 다른 장난감에 관심을 두었다. 눈에서 멀어지면 마음에서도 멀어진다는 말이 떠오르는 순간이었다. 이 단계에서는 감각과 운동 능력에 의존할 시기여서 그것이 감지될 때에만 갖고 놀 수 있는 존재로 인식하기 때문에 다른 인형으로 금세 관심이 바뀌었던 것이다. 그러고 나서 사라졌던 인형을 다시 눈앞에 보여 주었더니, 그제야 아이는 마치 처음 보기라도 한 듯 신기해하며 인형을 만지려고 했다.

하지만 9개월에 접어들어서는 그때와 달리 문 뒤에 숨겨둔 토끼 애착 인형도 자기가 직접 문을 열어 발견하고 좋아하는가 하면, 장난감 우체통 안에 숨겨둔 크롱 미니어처 역시 직접 문을 열어 찾아냈다. 그 무렵 엄마의 안경을 갖고 놀기를 좋아했는데, 위험하다 싶어 살짝 숨겨 두었는데도 금세 찾아내서는 다시 가지고 놀고 싶어 했다.

첫돌 이전 아기 앞에서 손바닥으로 얼굴을 가리고 "엄마 없다!" 하다가 "까꿍!" 하며 나타나는 '까꿍놀이peekaboo'가 바로 같은 원리다. 얼굴을 가리기만 해도 엄마의 존재 자체가 완전히 사라졌다고 생각한 아기는 잠시 사라졌던 엄마가 다시 나타나니 그 모습을 보고 까르르 웃음을 터뜨리는 것이다.

그런데 대상 영속성의 발달 정도에 비춰 보면 웃음을 터뜨리는 이 아기는 아직 완전히 대상 영속성이 발달한 것은 아니다. 왜냐하면 엄마의 얼굴이 사라진 것이 아니라 손 뒤에 가려져 있다는 사실을 완전히 인지하고 있는 아기라면 엄마에게 다가가 엄마의 손을 치우는 식의 반응을 보일 테니 말이다. 반면, 대상 영속성이 아직 발달하지 않은 때에는 우리 아기의 사례에서도 볼 수 있듯이, 갖고 놀던 장난감이 보이지 않으면 없어진 것이라 여긴다. 딴 곳으로 시선을 돌려 금세 다른 놀잇감을 찾는 식의 양상을 보인다.

대상 영속성 발달 단계	
0~2개월	눈앞에 있던 대상이 사라지면 금세 잊고 다른 것에 관심을 두거나 다른 행동을 한다. 대상 영속성 개념이 아직 없다.
2~4개월	대상이 사라져도 능동적으로 찾으려 하지 않는다.
4~8개월	눈앞에 보이지는 않아도 대상이 어딘가에 존재한다는 사실을 조금씩 이해하기 시작한다. 완전히 사라지면 찾지 않지만, 일부가 보이면 찾는 단계다.
8~12개월	물건을 옮기지 않는 한 찾아낼 수 있다. 물건을 옮기면 사라진 대상을 찾기 위해 애쓰지만, 옮기기 전 첫 번째 장소에서만 찾는다.
12~18개월	물건을 이리저리 옮겨도 찾아낼 수 있다. 대상 영속성 개념이 자리 잡아 부모가 잠깐 자리를 비우더라도 영영 사라지는 게 아니라는 것을 점차 알아차린다.

18~24개월	숨겨두어 눈앞에서 보지 못하는 상황에도 사물을 찾을 수 있고, 자신 역시 독립된 대상이라는 사실을 깨닫는다.

똑똑한 육아 Tip

까꿍놀이 방법과 대화법

까꿍놀이는 그림책을 읽어 주다가, 베이비 가드나 문 뒤에 숨어 있다가, 혹은 손이나 가림막, 보자기, 부채, 인형 등을 활용하는 방식으로 다양하게 할 수 있다. 이때 중요한 것은 아이와 다정하게 눈을 맞추고 밝고 경쾌한, 혹은 재미있는 목소리 톤으로 아이를 웃게 하는 일이다.

(얼굴을 완전히 가리고) 예린아, 아빠랑 엄마 없다~ 어디 있게~?

(두리번거리며 주위를 살핀다)

까꿍! 여기 있었지.

무척 간단한 놀이지만, 숨어 있다가 다시 나타나는 양육자의 얼굴을 보며 아기는 대상 영속성을 키울 수 있다. 이 놀이는 아기와의 안정적인 애착을 형성하는 데에도 많은 도움을 주는데, 시야에서 양육자가 사라져도 그 존재를 여전히 신뢰할 수 있게 하여 발달 과정상 겪게 되는 분리에 대한 불안을 극복하게 한다. 더 나아가 양육자에 대한 신뢰를 바탕으로 타인에 대한 신뢰를 발달시키는 데에도 영향을 준다.

2대 과제: 애착

"제 인형이 어디에 있어요? 조금 전까지만 해도 침대 바로 위에 있었어요. 제가 분명히 거기 두었거든요. 그 인형은 제가 제일 좋아하는 인형이에요. 그러니까 지금 당장 그 인형을 찾아야 해요. 누군가 제가 제일 좋아하는 인형을 가져갔어요."

– 이안 팔코너, 『올리비아의 잃어버린 인형』

서양 영화나 그림책에서는 애착 인형에 관한 이야기가 단골 주제다. 그런데 애착의 대상이 꼭 '인형'인 것만은 아니다. 찰리 브라운의 친구 라이너스처럼. 이름만 들어도 항상 '담요'를 들고 다니는 모습이 자동으로 연상될 것이다. 이런 경우를 두고 '담요증후군Blanket Syndrome' 혹은 '라이너스증후군'이라 부르는데, 아이들이 라이너스처럼 인형이나 장난감, 공갈

젖꼭지, 이불 등 자신만의 특별한 물건에 애착을 갖는 증상을 뜻한다.

지나친 집착은 아기의 발달에 좋지 않다는 것이 기존의 학설이었지만, 대부분 애착 인형에 집착하는 시기는 만 3세 정도까지이고 아이들의 성장 과정에서 흔히 겪는 정상적인 행동 범주에 속하며 자연히 사라진다는 주장이 힘을 얻고 있다. 심리학적 용어로 '과도기적 대상transitional object'에 불과하다는 것이다.

아기는 6개월 이후면 부모를 타인과 구분하기 시작하며 부모와의 강력한 애착 관계를 형성하고 신뢰감을 쌓아간다. 이때 '애착 인형' 혹은 '애착 물건'이 아기에게 부모와 같은 안정감을 심어 주는가 하면, 부모가 전부였던 아기의 세상을 한 단계 더 넓혀 주는 첫 번째 친구와 같은 역할을 한다.

"어떤 애착 인형이 좋아?"

연년생 아들딸 둘을 키우며 이제는 베테랑 엄마가 되어 가는 친구에게 물으니, 국민 애착 인형이라 불리는 털이 보드라운 토끼 인형에서부터 유기농 오가닉 원단의 베개 겸 인형까지 다양하게 추천해 주었다. 사실 아이의 상상력을 자극할 수 있는 유니콘 인형을 사주고 싶었던 로망이 있었다. 하지만 엄마가 추천해 준다고 아기에게 애착 인형이 되는 것이 아니고 다른 인형에 관심을 보일 수도 있으니, 결국 아이의 선택에 달려 있다고 친구는 말했다.

그렇게 유기농 오가닉 원단의 토끼 인형 하나는 유모차 전용으로, 양 모양의 베개는 베이비 가드가 자리 잡은 거실에 놓아 두었다. 폭신하고 부드러운 촉감을 좋아해 가끔 물고 빨거나, 외출할 때 유모차에서 낮잠 친구가 되어 주거나, 조그만 손으로 쓰다듬고 만지며 만족스러운 듯 웃기도 했다. 하지만 그게 다였다.

아이가 부모와 충분한 애착 관계를 형성한 생후 12개월 이후에는 애착 인형과 친해진다고 하여 적당한 시기를 택해 장난감 가게에 들렀는데 놀라운 일이 일어났다. 털이 보드랍고 촉감이 좋기로 유명한 국민 토끼 인형을 보자마자 와락 끌어안는 것이다. "그래, 바로 너였구나!" 드디어 임자를 만났다는 듯 끝내 내려놓질 않았다. 그렇게 집으로 데려온 토끼 인형을 매일 밤 꼭 끌어안고 꿈나라에 함께 간다. 새근새근 잠든 똥강아지와 토끼의 얼굴을 번갈아 바라보니 미소가 절로 나온다.

똑똑한 육아 Tip

아이의 애착 인형을 선택할 때 고려할 점

- 안전한 소재인가? 아이가 물고 빨기 때문에 안전이 최우선!
- 포근한 촉감과 따뜻한 색감인가? 아이에게 심리적 안정감을 주는 것이 중요!
- 바느질이 꼼꼼한 봉제 상태인가? 다칠 염려가 있어 단추나 장식물이 없어야 하기 때문!

애착 인형 하면 떠오르는 유명한 교육실험이 있다. '사랑의 본질을 발견한 학자'로 알려진 해리 할로우 박사의 1950년 원숭이 실험이 그것이다. 인간과 가장 비슷한 영장류인 붉은털원숭이를 대상으로 한 실험인데, 새끼원숭이들에게 대리 엄마를 만들어 준 것이다. 하나는 철사로 만들어져 있으나 우유가 가득 든 젖병이 달린 인형, 다른 하나는 푹신한 헝겊과 솜으로 만들어져 있으나 젖꼭지가 없는 인형이었다.

새끼 원숭이의 정서적 유대에 대한 실험

실험 결과는 당시 학자들의 예상을 완전히 뒤엎었다. 새끼 원숭이들이 생존을 위해 배고픔을 달랠 수 있는 철사 인형을 더 좋아하리라 예상했다. 하지만 모든 새끼원숭이는 배고플 때만 잠시 철사 인형의 우유를 빨아 마셨을 뿐, 더 많은 시간을 푹신한 헝겊 인형에 매달려 있었다.

이 실험으로 신체 접촉을 통한 정서적 유대가 중요하다는 사실이 처음으로 밝혀졌다. 20세기 중반까지만 하더라도 충분히 영양공급은 해주되, 아이의 버릇이 나빠지지 않도록 따로 재우고 응석을 받아 주지 말라는 엄격한 훈육이 대세였다고 한다. 하지만 실험 이후 육아법의 판도가 달라졌다. 밥도 중요하지만 그보다 엄마의 따뜻하고 포근한 품에 안겨 사랑을 느끼는 일이 아기에게는 얼마나 소중한 일인지 밝혀진 것이다.

매일 밤 옹알이하는 아기를 품에 꼭 안고 조용히 머리를 쓰다듬고 엄마, 아빠는 번갈아 가며 볼에 뽀뽀를 한다. 그리곤 부드러운 목소리로 속삭여준다.

"똥강아지야, 항상 건강하자. 앞날을 축복해. 우리 함께 행복하자!"

신생아실에서 첫 모유 수유 때 아기가 너무 작아서 서툰 어미의 실수로 행여나 바스러지지나 않을까 안는 것조차 겁이 난 게 엊그제 같은데, 벌써 키가 훌쩍 자라고 힘도 세졌다. '영아'에서 '유아'로 금세 자랄 것을 생각하면, 이렇게 서로 얼굴을 마주하고 따뜻한 손길로 어루만져줄 수 있는 이 시간이 더없이 소중하게 느껴진다. 아이에게 '접촉 위안contact comfort'을 주는 것이 부모로서 아이에게 줄 수 있는 최고의 사랑 표현이라는 말을 잊지 않아야겠다. 매 순간 따스한 온기와 포근함으로 가족 모두 뇌의 시상하부에선 엔도르핀이, 뇌하수체에선 옥시토신이 분비되는 유쾌하고 행복한 상상을 해본다.

3대 과제: 옹알이(언어 발달)

생후 283일, 한창 옹알이 중이던 아기가 비교적 정확한 발음으로 '엄마' 하고 말을 하는 것이다. 그 소리에 너무 놀라 신랑과 나는 눈이 동그래졌다. 하늘에서 내려올 때 말을 떼고 왔나 싶다. 드림웍스 애니메이션 〈보스베이비〉에 나오는 베이비 주식회사처럼 마치 이 땅에 미션을 수행하기 위해 파견근무라도 온 듯하다. '언제까지 옹알대고 있을 텐가.' 영화 포스터의 문구처럼, 조금씩 개인차는 있어도 전 세계 모든 아이는 발달 시간표에 따라 말을 배우고 날마다 성장해 간다. 그럼에도 초보 부모에게는 신비로운 일이다.

"신생아실이나 조리원에선 힘껏 목청 높여 울어야 해. 옆 친구가 울면 너도 질세라 울어대."

"4~6개월이 지나면 본격적으로 반응하기 시작해. 엄마, 아빠가 널 보며 미소 지으면 '부-부-' 반응해 줘."

"6개월이 지나면 '다-', '바-', '카-', '가-' 자음과 모음을 조합한 소리도 내야 해."

"8개월이 되면 배고플 때 '맘마' 소리도 내 봐. 어른들이 귀여워서 까무러칠걸? 네 이름을 부르면 뒤도 돌아봐. '옳지, 잘했어' 하며 엄마, 아빠가 엉덩이를 톡톡 쳐 줄 거야."

"할머니가 '우리 강아지' 하던 때랑 달리 목소리 톤이 높아지면서 '지지', '안 돼' 하면 그만해야 해. 위험하단 뜻이거든."

부모는 아기를 보며 이렇게 속삭인다. 얼른 아기가 자신의 의사를 말로 표현하는 날이 오기를 바라면서 말이다. 어느 문화권에 살든 모국어를 습득하는 단계는 비슷하다. 태어나면서 울음으로 의사 표현을 하기 시작하다가 보통 생후 2개월 무렵부터 혀나 입술을 자유자재로 움직이는 연습을 한다. 생후 6개월 동안 옹알이를 한다. 전 세계 영아들의 옹알이 소리는 거의 비슷한데, 8개월경에는 주변 환경에서 경험한 소리의 영향으로 옹알이의 억양이 모국어 억양과 비슷해진다. 9개월 정도 되면 의사를 표현하기 위한 발성을 시작한다. 하지만 돌 전후인 10~14개월쯤 되어야 의미 있는 첫 단어를 말할 수 있다.

"우리 아가, 첫 옹알이했어요."

초보 부모들이 아이가 100일쯤 됐을 때 이런 말을 하곤 한다. 알고 보면 쿠잉 단계(cooing stage. 2~3개월 때의 초기 옹알이)일 때가 많다. 울음소리 외에 모음 소리, 주로 'U'자 소리를 내기에 비둘기 소리와 닮았다 하여 쿠잉cooing이라고 부른다. 음식을 배부르게 먹은 후에나 축축한 기저귀를 갈아주고 나면 만족감과 기쁨을 표현하면서 쿠잉 소리를 낸다.

옹알이는 쿠잉과 배블링으로 구분하는데, 진정한 옹알이는 배블링babbling부터다. 쿠잉 이후 7~8개월경에 나타나는 배블링은 모음 소리만 있는 쿠잉과 달리 자음과 모음이 같이 나타난다. 3개월 무렵 영상을 다시 보면 '오옹' 같은 소리가 주를 이루는데, 9개월이 된 때에는 어느덧 옹알이 고수가 되어 '아빠바바빠'를 소화해낸다. 게다가 침대에 기어 올라가려던 중에 '빠바바' 소리를 내길래 '아빠'를 가르쳐주었는데, 내 소리를 듣고선 '아빠'를 비교적 또렷하게 따라 발음해서 더욱 놀라웠다.

전문가들이 '배블링부터 진정한 옹알이'라고 하는 것은 배블링이 이후에 한 단어나 두 단어 등의 진짜 언어로 이어지는 매우 중요한 관문이기 때문이다. '어~바밤빠'와 같은 뜻이 없는 아가의 옹알이라도 엄마가 아기처럼 하는 아기 말(motherese. 마더리즈, 다른 말로는 모성어)을 해주거나, '오구 그랬어? 졸려? 배가 많이 고파? 우리 아가 맘마 줄까?' 하는 식으로 적극적으로 반응하는 일은 생각보다도 훨씬 중요하다. 아기는 옹알이 시작 후 들리는 다양한 소리를 모방하면서 말의 재미를 느끼기 때문이다. 소리의 변화를 배우며 점차적으로는 음성적 상징과 의미를 연결 지음으로써 언어를 습득해 간다. 어휘력이 폭발적으로 증가하며 언어 감수성도 높아질 것이다.

그뿐만이 아니다. 뇌 과학에서 옹알이라는 매개로 아기가 부모의 말을 듣고 따라 하며 상호작용하는 것은 무려 '두뇌 뉴런 연결망을 최적의 상태로 발달시키는 데에 결정적인 역할을 한다. 만약 두 돌 이전에 부모가 아기의 옹알이에 제대로 반응해 주지 않으면 두뇌 발달에 문제가 생겨 아기가 정서적 안정을 느끼지 못하고 애착 장애가 올 수도 있다고 한다. '아기의 옹알이'와 '엄마의 아기 말'이 서로 친구가 되어 아기에게 새로운 세상으로 향하는 문을 활짝 열어 준다. 엄마의 아기 말이 이렇게나 중요한 역할을 하고 있었다니!

영아기에 놓치지 말아야 할 핵심을 꼽으라면, 발달 단계에 맞도록 적절한 시기에 최적화된 자극과 환경을 제공하는 것이다. 이를 통해 '내가 해냈다'는 기쁨과 성취감을 아기가 체험하게 하는 것이 중요하다. 두 돌까지 가장 중요하다고 생각하는 키워드를 골라보자.

이 외에도 육아에 대해 공부하며 평소 생각했던 중요한 것들을 기록해 보자. 그 과정은 아기뿐만 아니라 가족 모두를 성장하게 할 것이다.

Q. 두 돌까지 가장 중요하다고 생각하는 키워드를 골라 보자.

(예 : 대상 영속성, 애착, 옹알이, 오감 발달 등)

Q. 아이 키울 때 가장 주안점을 두고 싶은 부분이 무엇인지 적어 보자.

우리 아이
첫 그림책

아이와 함께 그림책 읽기

아기는 옹알이를 시작한 후 다양한 소리를 따라 하면서 말의 재미를 느끼기 시작한다. 어휘력이 폭발적으로 증가하며 언어 감수성도 올라간다. 뇌 과학에서는 옹알이를 하면서 아기가 부모의 말을 듣고 따라 하는 상호작용의 과정이 두뇌 뉴런 연결망을 최적의 상태로 발달시키는 데 결정적 역할을 한다고 본다. '아기의 옹알이'와 '엄마의 아기 말'은 아기가 새로운 세상으로 나아가는 데 이렇게 중요한 역할을 한다.

나는 오늘도 '패런티즈parentese 화법'으로 그림책을 읽어 준다. 평소 목소리 톤보다 높고 단어를 천천히 길게 늘이며 읽는 법을 말한다. "사~ 아랑해. 너~ 얼 사아라앙해." "머리끝부터 바아~알 끝까지, 너~~ 어어어를 사~ 아랑해." 이런 방식으로 책을 읽어 주었을 때 아이는 평소보다 더 반짝이는 눈빛으로 나를 바라보면서 '헤에' 소리를 내며 웃는다. 아이가 생기면 꼭 읽어 주고 싶었던 그림책 『사랑해 사랑해 사랑해』는 더없이 사랑스러운 책이다.

배 속에 있을 때부터 시작해요

"내 독특함의 80%는 어머니가 주셨어요. 내가 돌상에서 돌잡이로 책을 잡은 걸, 어머니는 두고두고 기뻐하셨어요. 그때는 쌀이나 돈을 잡아야 좋아했는데, 어머니는 달랐죠. '우리 애는 돌상에서 책을 잡고 붓을 잡았다'고 내내 자랑을 하셨어요. 내가 앓아누워도 어머니는 머리맡에서 책을 읽어 주셨어요. 그런 어머니 밑에서 자라서 나는 책을 읽고 상상력을 키우는 인간이 됐어요."

아이가 돌이 됐을 무렵, 우연히 전 문화부 장관이자 작가인 이어령 교수의 인터뷰 기사를 읽었다. 어머니가 꾸준히 책을 읽어 줬다는 말이 가슴에 콕 박혔다. 태어나 눈앞에 반짝이는 모든 것들이 궁금한 아가에게 드넓은 세상을 보여 주고, 상상의 눈을 키워 주는 데 '그림책'만큼 좋은 것은 없다. 아기는 눈으로는 그림을 보면서 귀로는 아빠와 엄마의 목소리로 이야기를 듣는다. 이때 머릿속에서는 신비롭고도 놀라운 작용이 일어난다. 아기가 배 속에 있을 때도 마찬가지다. 음악 태교, 영어 태교, 자수 태교 등 다양한 방법이 있다지만 그림책 태교만 한 게 없다. 부모가 소리 내어 그림책을 읽으며 배 속 아기와 교감한다면 모두에게 행복한 시간이 될 것이다.

그림책의 효과는 비단 이뿐만이 아니다. 흔히 아이들을 위해 그림책을 '읽어 준다'고들 생각한다. 하지만 책을 읽어 주던 어른들이 오히려 더 위안과 기쁨을 얻었다고들 말한다. 그림책에는 삶에서 만나는 희로애락과 인생의 진리가 고스란히 담겨 있기 때문이다.

그런 의미에서 임신 중 행복한 육아와 가정생활에 대한 철학적 고민을 담고 있는 그림책을 한번 읽어보라고 추천하고 싶다. 어떤 엄마, 아빠가 될지 생각하게 해주며 앞으로 아이를 어떻게 키워야 할지 자신만의 육아 철학을 세우는 데도 도움이 될 것이다.

『나는 나는 정말 정말 어여쁜가 봐』는 모네, 르누아르, 메리 커셋 등 거장 화가들이 그린 사랑스럽고 귀여운 아이 그림 23점과 함께, 저자가 꾹꾹 눌러 쓴 아이를 향한 힘찬 응원과 따뜻한 칭찬, 축복의 글이 가득 담겨 있다. 작가의 한마디 한마디 축복의 메시지는 그야말로 주옥같다. 하늘의 별도 달도 꽃도 나무도 너의 탄생을 기뻐할 것이고, 우주에 단 한 사람인 너를 대신할 이는 아무도 없으며, 네가 꾸는 꿈은 반드시 이루어질 것이고, 모두가 널 사랑하게 될 거라고 곧 태어날 아기에게 이야기해 주자.

『실수투성이 엄마 아빠지만 너를 사랑해』는 앞으로의 육아에서 어떤 부모가 될지 그려 볼 수 있게 하는 그림책이다. 아이는 아빠를 위해 안경을 깨끗하게 닦아드리려다 부러뜨리고, 엄마가 새로 사 주신 크레용을 동생과 나눠 쓰고 싶어 반으로 똑 잘랐다. 본심은 가족을 위해 한 일인데도 늘 야단맞기 일쑤다. 이를 뒤늦게 알게 된 부모는 아이의 마음을 미처 헤아리지 못한 자신들의 잘못을 솔직하게 인정하고 사과한다.

엄마 아빠의 아이로 태어나 줘서 고마워

실수투성이 엄마 아빠지만

항상 너를 사랑해

그리고… 미안해

미리 연습하고 부모가 되는 사람은 없다. 그러다 보니 육아 선배들에게서 조언을 듣거나 육아 책에서 도움을 구하려고 한다. 이런저런 말과 글을 읽을 때마다 뭔가 의무가 늘어나는 것 같고 왠지 엄마 잘못처럼 느껴지기도 해서 자존감이 바닥을 칠 때가 많다고 하소연한다. 하지만 좋은 그림책은 가슴속 울림을 느끼게 하고 아이를 진정으로 사랑하는 법에 대한 지혜를 선물한다. 임신 중 배 속 아기를 소중하게 품던 마음을 잊지 않고, 좋은 부모가 되기 위한 마음가짐을 갖게 하는 그림책 태교는 가족 모두를 위한 선물이다.

세계적인 작가 앤서니 브라운의 『돼지책』은 가정생활에 대한 통찰을 담고 있다. 육아와 가사노동으로 고된 일상을 보내는 주부에게 통쾌함을 안겨 주어 여성들에게 특히 인기가 많은 책이다. 넓은 정원이 딸린 그림같이 멋진 이층집에 남편과 두 아들과 함께 사는 피곳 부인은 남들의 부러움을 살 법하지만 알고 보면 혼자 가사노동에 치여 행복하지 않은 엄마다. 참다못해 “너희들은 돼지야!”라고 쓴 편지 한 장을 남긴 채 가출을 감행한 피곳 부인. 엄마의 부재를 경험한 가족이 그제야 엄마의 소중함을 깨닫게 된다는 이야기다.

태교와 좋은 부모 되기를 돕는 그림책 추천

<table>
<tr><td>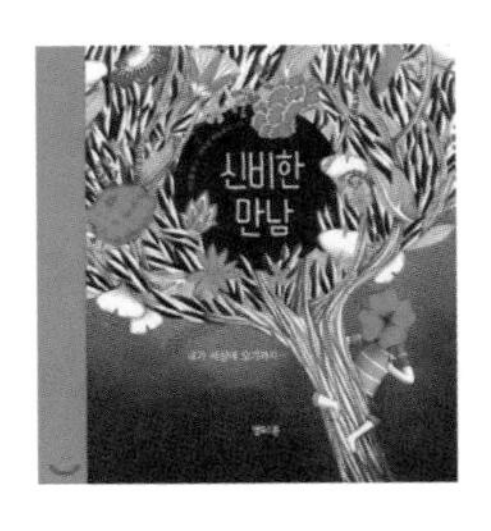
</td><td>『신비한 만남』
상드렝 보 글
마리옹 아르보나 그림
옐로스톤</td></tr>
<tr><td>
</td><td>『내가 엄마를 골랐어』
노부미 글/그림
위즈덤하우스</td></tr>
<tr><td>
</td><td>『나는 나는 정말 정말 어여쁜가 봐』
김이연 글
정글짐북스</td></tr>
<tr><td>
</td><td>『나는 내가 좋아요』
윤여림 글
배현주 그림
웅진주니어</td></tr>
</table>

	**「사랑해 사랑해 사랑해」** 버나뎃 로제티 슈스탁 글 캐롤라인 제인 처치 그림 보물창고
	**「실수투성이 엄마 아빠지만 너를 사랑해」** 사토신 글 하지리 도시가도 그림 키위북스
	**「돼지책」** 앤서니 브라운 글/그림 웅진주니어

초점 책과 미술작품으로 시각 발달을 도와요(0~3개월)

신생아는 바로 눈앞에 있는 손가락 정도의 물체만 희미하게 볼 수 있다. 망막 기능이 아직 미숙하기 때문이다. 세상을 흑백으로 보는 생후 0~3개월에는 시각 발달을 위해 색과 선이 선명하고 명암의 대조가 뚜렷한 초점 책이나 흑백 모빌을 아기 침대맡에 둔다. 초점 책은 아이의 시각 발달용으로 만들어져 읽어 줄 내용은 없다. 하지만 하루 중 대부분의 시간을 잠자면서 보내는 아기에게 "여기 동글동글 동그란 점이 있네.", "팔랑팔랑 바람개비가 팽그르르" 하며 엄마, 아빠가 다정하게 말을 건네면 좋다.

『날개 할아버지의 우리 아기 눈맞춤책 세트』는 0~2개월, 3~5개월, 6개월 이상, 이렇게 3권으로 나뉘어 있다. 저자가 손수 작업한 그림으로 된 초점 책이다. 시각디자인의 거장인 저자가 손자를 위해 만들었다고 하니 사랑의 마음이 고스란히 느껴진다. 우리 전통 문양집과 조선 시대 민화에 담긴 우리나라 전통의 멋을 아기들의 시각 발달 단계에 맞춰 재현했다. 흑과 백이 어우러진 점, 선, 동그라미가 단순하면서도 멋스럽다. 흔히 볼 수 있는 초점 책과 달리, 그림과 함께 실려 있는 이야기도 따스해 사랑하는 아이를 위해 읽어 주기에도 더할 나위 없이 훌륭하다. 생후 2개월이 넘어서면 빨강, 노랑 등 원색을 볼 수 있어 색채 대비가 뚜렷한 컬러 초점 책을 보는 것도 가능하니, 컬러 모빌과 함께 보여 줄 수 있다.

해님 달님 뜨고 지는
하루하루
또 하루
깨어나고 또 깨어나
세상에 나왔어요
우리 아기
우리 아기

-1권 『해님 달님 우리 아기』 중에서

아기 보러
우리 아기 보러
토끼도 왔어요.
사뿐사뿐 분홍 토끼

-3권 『우리 아기 보러 와요』 중에서

흔한 초점 책 대신 특별한 경험을 아이에게 선물하고 싶다면 미술작품을 활용해 보는 방법도 추천하고 싶다. 『내 아이를 위한 그림 육아』의 저자인 화가 김지희는 미술이 처음인 부모도 부담 없이 시작하는 그림 육아의 노하우를 전한다. 나 역시 이 책에서 힌트를 얻어 바실리 칸딘스키의 작품 〈30〉을 프린트하여 병풍처럼 세워 보여 주기도 했다. 소아정신과 전문의에 따르면 흑백 초점 그림의 경우 좌우가 대칭되게 규칙적으로 구성한 것이 좋다고 한다.

역시 그녀의 책에서 힌트를 얻어 알렉산더 칼더의 〈바닷가재잡이 통발과 물고기 꼬리〉로 엄마표 흑백 모빌도 만들어 보았다. 부족한 실력이나마 엄마의 작은 정성이 아기에게 닿길 바라는 마음으로 말이다.

바실리 칸딘스키, 〈30〉, 캔버스에 유채, 81×100cm, 1937

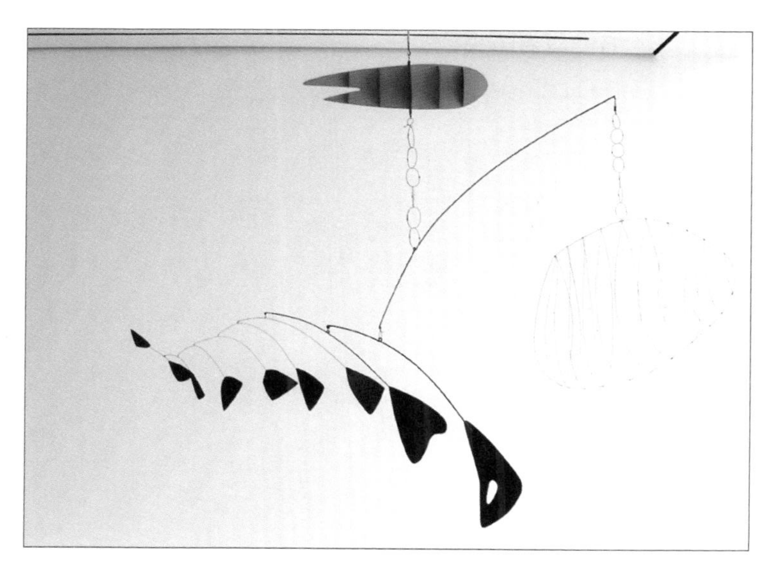

알렉산더 칼더, 〈바닷가재 잡이 통발과 물고기 꼬리〉, 스틸, 260×290cm, 1939

0~3개월 아기를 위한 그림책 추천

	**「아기 헝겊 초점책」** 애플비 편집부 지음 애플비
	**「하양 까망」** 류재수 지음 보림
	**「날개 할아버지의 우리 아기 눈맞춤책 세트」** 이상희 글 안상수 그림 보림

오감을 자극하는 헝겊 책, 팝업 북, 사운드 북(0~6개월)

세상의 모든 것이 아기에겐 학교와 같다. 부모와의 스킨십, 엄마의 목소리, 세상의 다양한 소리, 부드러운 스카프의 촉감 등 감각 기능을 발달시키는 활동은 초기 뇌 발달에 매우 중요한 역할을 한다. 신생아의 뇌는 뇌세포 간의 연결 회로망인 시냅스가 거의 만들어지지 않은 상태로 있다. 신생아의 뇌에 이런 자극을 줄 때마다 시냅스가 만들어진다.

오감 자극 그림책은 시각, 청각, 촉각의 발달을 모두 돕는다. 그 종류도 다양한데, 아이의 청각을 자극하는 사운드 북, 화려한 볼거리로 시각을 자극하는 팝업 북과 병풍 책, 손끝의 감촉을 자극하는 촉감 책 등이 있다.

『아기 첫 친구 코야』는 대표적인 오감 자극 헝겊 책이다. 책 구석구석에 놀이요소가 가득해 아기와 함께 장난감처럼 갖고 놀며 대화하다 보면 자연스레 아기와 상호작용하게 된다. 빨간 몸에 검정 도트 무늬 귀, 알록달록한 코의 조합은 색깔 대비가 강해 시각 발달을 돕는다. 신체 부위마다 질감이 다른 소재로 만들어진 천은 촉각을 자극하고, 삑삑, 딸랑딸랑, 바스락바스락 재미있는 소리는 아기의 청각을 자극해 책과 친구가 되게 한다.

코야는 나비도 좋아해요.
나비야, 어디 숨었니?
알았다! 꽃 속에 숨었구나.
잎 뒤에 개미도 있네!

끈 달린 작은 나비 인형을 꽃잎 속으로 숨겼다, 꺼냈다, 숨기기를 반복하다 보면, 영아기의 중요한 발달과업인 대상 영속성 발달에도 도움이 된다.

0~6개월 아기를 위한 오감 자극 그림책

	『아기 첫 친구 코야』 작은북 글 오연진 그림 블루래빗

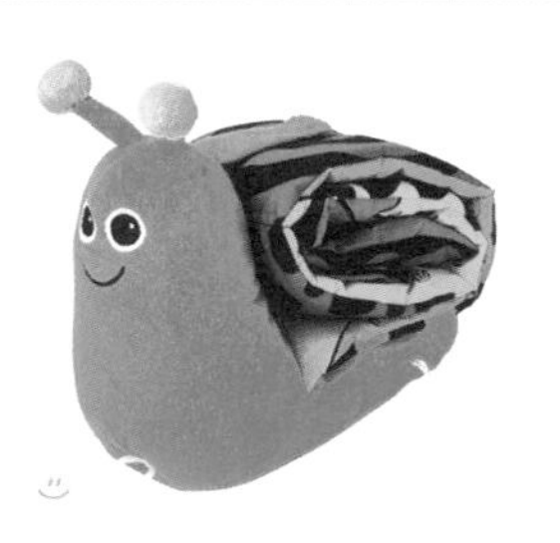	**「아기 헝겊책 꿈꾸는 달팽이」** 차보금 글 최민정 그림 꿈꾸는달팽이
	**「깜짝깜짝 팝업북 꽃밭」** 피오나 와트 글 알레산드라 새카로풀로 그림 어스본코리아
	**「오감 놀이 동요」** 권오순 글 조화평 그림 스마트베어
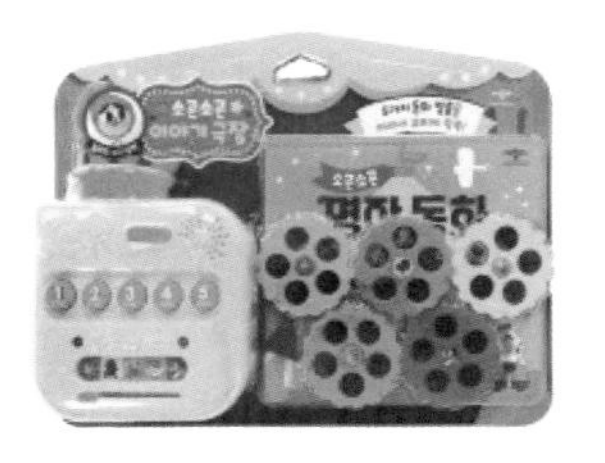	**「소곤소곤 이야기극장」** 애플비북스 편집부 글 김일경 그림 애플비북스

플랩 북으로 뇌를 즐겁게 해요(7~12개월)

"까꿍Peekaboo! 엄마 없다, 까꿍!"

바닷속 세계를 그린 그림책을 읽으면서도 까꿍놀이를 할 수 있을까? 플랩 북flap book이 있다면 가능하다. 플랩 북은 그림 일부를 덮개로 가려놓아 그것을 들추거나 열어보면 또 다른 그림이나 내용이 나오는 형태다. 산호와 말미잘을 들춰보며 '까꿍' 하면, 숨어 있던 바다 생물들이 기다렸다가 하나둘 고개를 내민다. 아기 거북이부터 빛나는 물고기 떼, 문어, 해마, 바다뱀, 상어까지 만날 수 있다.

아기가 산호와 말미잘을 들춰볼 때마다 숨겨져 있던 생물들은 시선에서 사라졌다가 나타나기를 반복하는데, 이때 보이지 않는 대상도 영원히 사라진 것이 아니라는 사실을 아는 대상 영속성의 개념이 발달한다.

자연히 기억력도 발달한다. 어떤 일이 일어날지 기대하면서 기다리게 하는 것을 작업기억력(working memory. 워킹 메모리)이라고 한다. 사라졌다가 짠하고 다시 나타나는 일이 반복되다 보면, 잠시 보이지 않는 대상을 기억하는 시간이 점차 길어진다.

이뿐만이 아니다. 단순하디 단순한 이 까꿍놀이가 만국 공통인 데는 다 이유가 있다. 뇌 과학 할머니로 불리며 일본과 한국에서 영유아 뇌 교육법으로 유명한 쿠보타 카요코는 '까꿍놀이는 작업기억력(워킹 메모리), 거울 뉴런, 도파민 시스템이 모두를 사용해 뇌를 단련시키는 최고의 놀이'라고 강조했다. 거울 뉴런Mirror Neuron은 상대의 동작을 보고, 이해하고, 따라 하는 뇌의 시스템을 뜻한다. 사랑하는 사람끼리 닮는다는 말도 이런 뇌의 원리로 설명된다. 행복 호르몬으로 불리는 도파민dopamine은 즐거울 때 분비되어 전두엽을 활성화하는데, 까꿍놀이를 할 때 이 도파민이 왕성하게 분비된다.

7~12개월 아기를 위한 까꿍놀이 그림책

	**「우리 아기 첫 플랩북: 바닷속 거북이」** 안나 밀버른 글 마리아나 루이즈 존슨 그림 어스본코리아

	**『까꿍! 숨바꼭질』** 책마중 글 홍미애 그림 스마트베어
	**『무지개 까꿍』** 최정선 글 김동성 그림 웅진주니어
	**『어디 있니 까꿍』** 구전 놀이 노래 지음 다섯수레
	**『호호, 기쁜 선물』** 멜라니 월시 글/그림 시공주니어

가족 간의 진한 사랑과 세상을 알게 해요(7~12개월)

대입, 입사, 결혼, 임신, 출산 등 살면서 숱한 인생 과제를 만나왔지만, 육아에서 지상 최대 과제로 꼽히는 것이 있으니, 바로 '애착'이다. 애착은 아기가 자신과 가장 가까운 대상인 부모에게 느끼는 특별한 정서적 유대감을 뜻한다.

미국의 심리학자 화이트 박사는 '아기가 7개월이 되기 이전에 누군가 자기를 사랑해 주는 사람이 있다는 것을 깨닫는 것이 생애 가장 중요한 교육' 중 하나라고 말한 바 있다. 그만큼 이 시기의 애착 관계가 중요한 이유는 모든 사회적 관계의 바탕으로 작용하며 인생 전반에 영향을 미치기 때문이다. 아기는 점차 조부모, 형제 등 다양한 대상에 애착을 형성해 나간다. 애착의 끈이 안정적으로 형성되면 양육자는 아기에게 '안전기지'의 역할을 한다. 아기는 그제야 비로소 안심하고 바깥 세상을 탐험하게 되는 것이다.

아기와 애착 관계를 형성하려면 어떻게 해야 할까? 애착이 정서적 유대관계인 만큼 엄마와 아기 모두 행복한 마음 상태의 시간을 많이 가지는 것이 중요하다. 그런 의미에서 그림책을 읽는 시간은 엄마와 아기에게 행복한 시간을 선사한다. 또한 아기는 그림책을 통해 자신을 둘러싼 세상을 또 다른 눈으로 만난다. 예를 들어, 어미 동물과 새끼가 주인공인 그림책을 함께 읽으며 부모님과 자신의 관계를 생각해 보게 되는 것이다. 이토록 자신을 사랑해 주는 누군가가 있다는 것을 그림책을 통해 다시금 느낄 수 있다.

『내가 아빠를 얼마나 사랑하는지 아세요?』에서 서로에 대한 사랑의 크기를 경쟁하듯 표현하는 아빠토끼와 아기토끼의 모습이 웃음과 감동을 준다. 아기토끼는 두 팔을 옆으로 있는 힘껏 벌리고 위로 한껏 뻗으면서 아빠에 대한 사랑을 표현한다. "달까지 가는 길만큼 아빠를 사랑해요(I love you right up to the MOON)." 잠든 아기를 안고 아빠는 이렇게 속삭이며 답한다. "아가야. 나는 달까지 갔다가 다시 돌아오는 길만큼 너를 사랑한단다(I love you right up to the moon-AND BACK)." 따뜻하고 정감 어린 이야기에 파스텔톤으로 그려진 그림이 포근하게 다가온다.

『엄마랑 뽀뽀』 속 사랑스러운 아기 동물들이 엄마와 뽀뽀를 한다. 북극곰은 눈밭에서, 오리는 연못에서, 거북이는 자갈밭에서, 나무늘보는 나무에 대롱대롱 매달려서 뽀뽀한다. 우리 아가도 책장을 펴더니 이내 따라 한다. "우리 아가 자기 전에 엄마랑 뽀뽀."라고 읽기 무섭게 얼른 뽀뽀해 달라며 자기 볼을 엄마 입에 갖다 대며 애교를 부린다.

세상을 탐색하는 아기에게 좋은 그림책

이제 막 세상 탐색을 나선 아이에게 실제 세상에서 본 것을 그림이나 사진을 통해 보여 주는 것이 좋다. 아이들은 직접 본 동식물이나 먹어 본 음식에 관심을 보인다. 주말 시골 농장에서 토끼를 본 아기는 다음 날 그림책 속 토끼를 손가락으로 가리켰다. “그렇구나. 깡충깡충, 귀가 긴~ 토끼 말이구나.” 하며 연관되는 어휘를 들려줘 언어를 확장할 수 있게 했다. 애착 인형을 선물할 때에도 ‘마술피리그림책 꼬마’ 전집의 『열어 줘 열어 줘』라는 그림책을 읽어 주었다. 그 후 “여기 예린이 인형 선물이 담긴 노오란 상자가 있네.”라고 말하며 실제 선물상자를 품에 안겨 주었다. 이렇게 하다 보면 엄마 아빠는 자연스럽게 수다쟁이가 된다.

이처럼 그림책을 활용하면 ‘이것은 상자’, ‘저것은 인형’이라고 단어만 말하지 않고, 문장으로 말해 줄 수 있다. 사물을 인지하고 어휘력을 확장해 아기가 경험하는 세상의 폭을 넓힌다.

아가, 아가.
예쁜 아가.
무얼 먹을까?

딸기, 딸기.
예쁜 딸기.
새콤달콤 맛있는 딸기.
냠냠냠 맛있게 먹자.

-『냠냠냠 쪽쪽쪽』 중에서

7~12개월 아기를 위한 애착 그림책

	**『아빠한테 찰딱』** 최정선 글 한병호 그림 보림
	**『우리 아빠가 최고야』** 앤서니 브라운 글/그림 킨더랜드
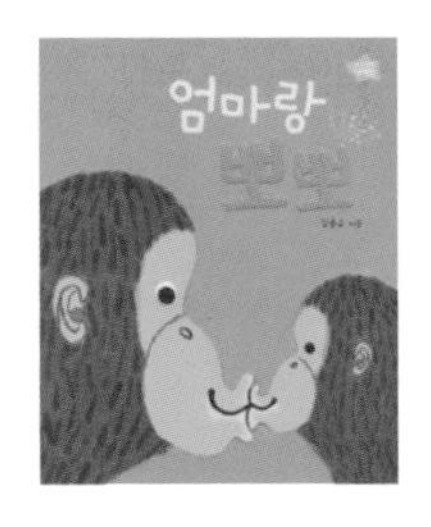	**『엄마랑 뽀뽀』** 김동수 글/그림 보림
	**『엄마는 언제나 네 곁에 있단다!』** 샘 맥브래트니 글 아니타 제람 그림 베틀북

「할머니랑 나랑 닮았대요」
정미라 글
조미애 그림
비룡소

「할머니랑 나랑은」
정수정 글
신현정 그림
큰북작은북

7~12개월 아기를 위한 사물인지 그림책

「넌 누구니?」
엄혜숙 글
이억배 그림
다섯수레

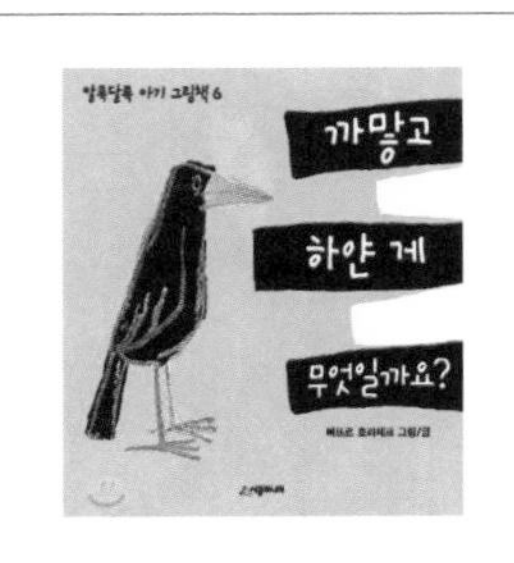	**『까맣고 하얀 게 무엇일까요?』** 베뜨로 호라체크 글/그림 시공주니어
	**『냠냠냠 쪽쪽쪽』** 문승연 글 길벗어린이

의성어, 의태어가 담긴 책으로 언어 발달을 도와요(0~24개월)

"엄마가 사과를 사각사각."

"사과 토끼들이 폴짝폴짝."

"토순이는 토끼 친구들과 빙글빙글 춤도 추고, 랄랄라 노래도 불렀어요."

-『깡충깡충 사과 토끼』 중에서

아이들이 좋아하는 의성어, 의태어 그림책에는 거의 페이지마다 사각사각, 폴짝폴짝, 빙글빙글, 랄랄라 같은 표현들이 나온다. 이렇게 리듬이 살아 있고 재미있는 소리를 과장된 목소리와 표정, 동작까지 더해 읽어 주면 아기는 마법에라도 빠진 듯 세상 행복한 표정을 짓는다.

아이에게 그림책을 읽어 주는 묘미는 그림과 소리의 환상적인 조합에 있다. 이야기 속 엄마가 토순이에게 커다랗고 빨간 사과를 귀여운 토끼 모양으로 깎아 주자, 어느새 사과가 토끼로 변신해 창문 밖으로 폴짝폴짝 뛰어나간다. 토순이는 이곳저곳에서 사과 토끼를 찾아다닌다.

그림책처럼 집에서 실물 사과를 날개 모양으로 예쁘게 깎아 아이가 먹을 수 있게 했다. 그랬더니 손으로 토끼 모양의 사과를 집어 아삭아삭, 사각사각 소리를 내며 먹던 아이는 신기하다는 듯 그림책 속 사과와 손에 든 사과를 번갈아 보며 미소를 짓더니 옹알이를 했다. 그림책 너머의 시각적, 청각적 상상력을 자극하는 순간이었을 것이다.

의성어와 의태어가 풍부한 그림책을 어떻게 읽어 주면 좋을까? 좋은 영어책을 선택할 때 고려해야 할 요소로 꼽히는 3가지가 있다. 리듬, 라임, 반복(Rhythm, Rhyme, Repetition)이다. 이 3R은 세계 어떤 나라의 언어를 배울 때도 마찬가지로 중요하게 작용한다. 리듬을 살려서 읽으면 음악처럼 말을 통째로 기억하기가 쉽고, 라임이 있으면 말맛이 살아나 그림책에 재미를 붙게 한다. 반복은 다음을 예측할 수 있게 해주어 아이에게 읽기의 자신감을 더해 준다. 의성어, 의태어가 풍부한 그림책을 선택해 읽어 줄 때도 이 3요소를 잘 기억해 두고 살려서 읽으면 아이가 더욱 좋아한다.

더 실감 나게 음원으로 들려주고 싶다면 유튜브 채널을 활용하는 것도 좋은 방법이다. #도레미곰(그레이트북스), #톡톡톡 괜찮아, #의성어, 의태어 동요, #의성어, 의태어 동시 등으로 검색해서 찾으면 다양한 동영상이 나온다.

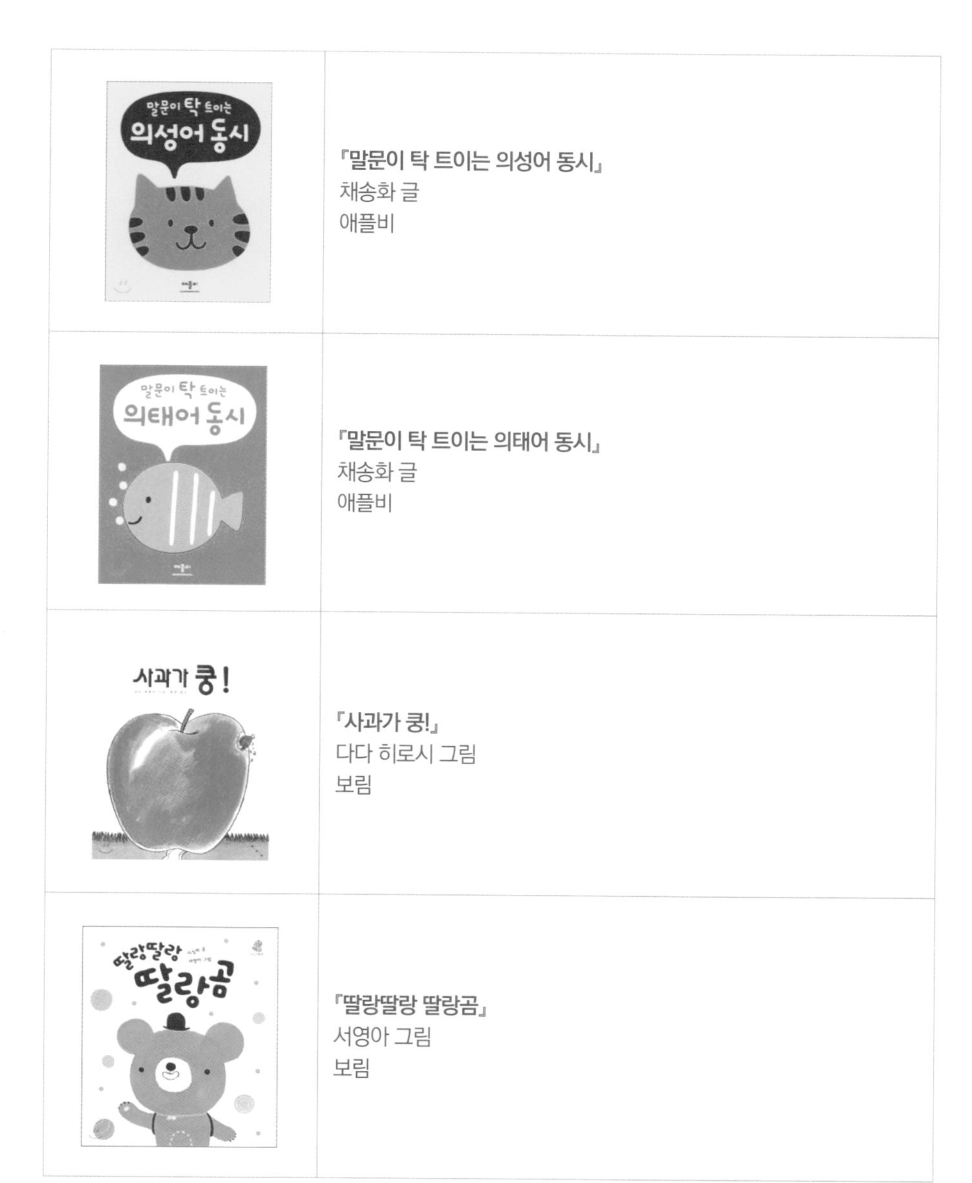

『말문이 탁 트이는 의성어 동시』
채송화 글
애플비

『말문이 탁 트이는 의태어 동시』
채송화 글
애플비

『사과가 쿵!』
다다 히로시 그림
보림

『딸랑딸랑 딸랑곰』
서영아 그림
보림

아이 생활 습관, 관심사를 키워요(13~24개월)

처음 예린이를 미끄럼틀 태워준 날이 떠오른다. 쭉 타고 내려오면 되는데 수줍게 웃으며 위에서 멈칫 가만히 눈치만 보고 있었다. 아빠가 아래에서 두 팔을 활짝 벌려 기다리며 용기 내어 내려오길 독려하자, 그제야 꽉 붙잡고 있던 손을 놓고 꺄르르 웃으며 내려왔다. 이 경험과 똑같은 상황을 담은 그림책이 있었다. 미끄럼틀 타기를 두려워하던 소녀가 아빠의 도움으로 극복해 낸다는 내용을 담은 『아빠, 무서워요』라는 책이었다. 이후에 거실에 마련한 미끄럼틀을 타려고 할 때마다, 아빠가 두 팔을 활짝 벌리고 있는 이 그림을 보여 주면 자신 있는 표정으로 혼자서도 씩씩하게 미끄럼틀 타기를 반복했다. 이처럼 일상생활을 담은 그림책은 아이 자신이 매일 겪는 일들과 똑 닮았다. 그림책의 주인공이 아이와 닮았거나 생활과 밀착된 내용이라면 효과가 더욱 좋다.

밥 안 먹는 아이들에게 한 숟갈이라도 더 먹이려면 부모들은 애가 탄다. 좀 더 밥을 잘 먹게 하려면 아이들에게 식사 시간을 행복한 놀이 시간으로 바꾸어 주면 된다. 방울토마토, 고등어, 소고기, 달걀, 시금치 등 다양한 식재료를 아이들이 친근하게 느낄 수 있도록 『잘 먹겠습니다!』 같은 그림책을 보여 주고, 아기자기한 놀잇감(토이 북)으로 음식모형을 숟가락으로 떠 보며 식사 놀이를 해보는 것도 좋다. 물론 실제 재료들을 직접 만지고 냄새 맡고 음식으로 만들어지는 요리 과정을 보여 주는 것이 가장 좋다.

아이의 생활 습관을 잡아주는 그림책

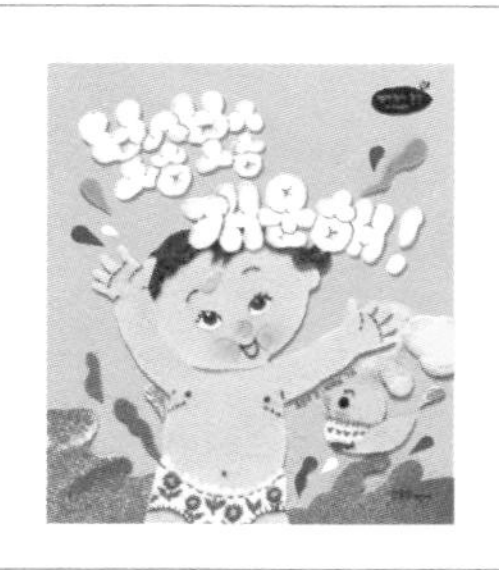	**『보송보송 개운해!』** 조은수 글 박해남 그림 한울림어린이
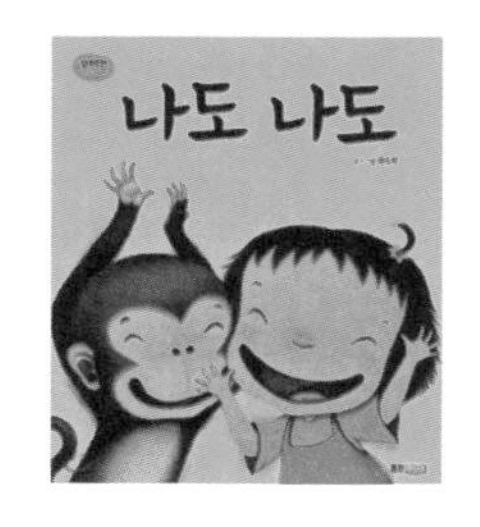	**『나도, 나도』** 최숙희 글/그림 웅진주니어

세밀화 그림책으로 아기의 관심사를 키워요

실사라고 해도 믿을 만한 세밀화의 섬세한 터치를 보면 어른도 감탄이 절로 나온다. 옥수수의 낱알 하나하나가 손에 잡힐 듯한 양감, 표면의 매끄럽고 거친 질감, 솜털 한 올까지 생생하게 살려낸 그림에는 사진으로는 표현할 수 없는 따스함이 스며 있다.

세밀화 그림책의 대표주자로 꼽히는 '세밀화로 그린 보리 아기그림책' 시리즈의 권혁도 작가는 한 인터뷰에서 이렇게 말했다.

"우리의 삶은 자연과 너무나 멀어져 호랑나비, 개구리, 아기 산토끼, 송아지와 벗 삼아 지내던 어린 시절이 그리워 이토록 자연을 그리는 일에 매달리는지 모르겠어요."

그는 다시는 돌이킬 수 없을지도 모를 그때를 그리워하며 자연의 모습과 작은 생명을 화폭에 담아내는 것이다. 그럼 그림 속 소박한 들꽃과 곤충들이 도시에 살고 있는 어린 아기들에게 살며시 다가와 자연으로 놀러 오라고 속삭일 것만 같다.

13~24개월 아기를 위한 세밀화 자연 관찰 그림책

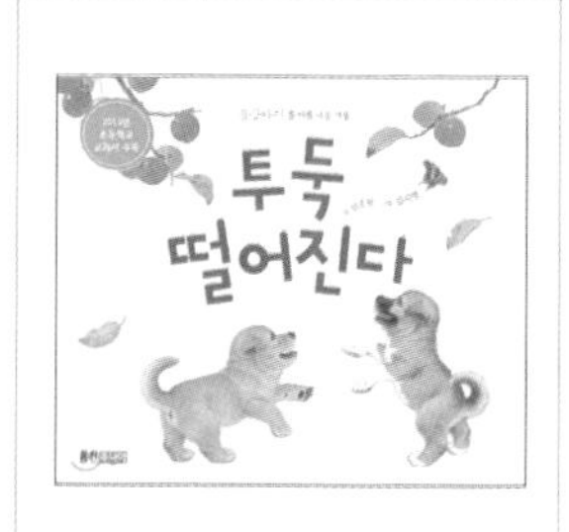	**「투둑 떨어진다」** 심조원 글 김시영 그림 호박꽃
	**「세밀화로 그린 보리 아기그림책」** 편집부 글 이태수 그림 보리

똑똑한 육아 Tip

7가지 영역별 육아법

부록에 0~24개월 아기의 7개 영역(신체, 인지, 사회정서, 감각, 예술, 기본생활, 언어)에 필요한 그림책, 오감놀이, 놀잇감을 하나로 총망라하였으니 참고하세요!

어떤 경험을 많이 하느냐에 따라 두뇌의 시냅스 연결망은 점점 더 강력해진다.
따라서 아기가 해냈다는 성취감을 많이 경험할 수 있게 돕는다.
부모가 아기의 능동적인 생각을 유도하는 환경을 제공하는 것이 핵심이다.

내 아이를 위한 오감 놀이 육아법

아기 과학자의 탄생, 사고력 놀이 육아법

아기들은 태어나면서부터 작은 과학자

수학 태교를 한다는 임산부에 관한 이야기를 심심치 않게 듣는다. 흔히 아이의 좌뇌 발달을 돕기 위해(라고 쓰고 ‘뱃속 아기가 자신처럼 수포자가 되지 않게’ 라고 읽는다.) 임신 중 스도쿠를 하거나, 학창 시절에 풀던 수학문제집을 풀거나, 매일 암산을 하고, 수학 19단을 외우는 경우도 있다.

하지만 아이를 낳고 나면 그리 오래지 않아 굳이 이런 방법을 쓰지 않아도 되었다는 것을 깨닫게 된다. 이미 당신의 아이는 천재로 태어나기 때문이다. 장 피아제는 '아이들은 스스로 자신을 둘러싼 세계를 탐구하는 어린 과학자'라고 말한다. 어른들이 따로 방법을 알려주지 않아도 뒤집고, 기고, 걸음마까지 터득해서는 탐구 정신으로 무장한 채 호기심 가득한 눈으로 집 안 곳곳을 누비니 말이다.

이렇게 작은 과학자들은 세상에 대한 자기 나름의 이론을 구성해 간다. 다만 부모는 아이가 세상을 발견할 수 있게 도와주는 환경만 제공하면 된다. 이것은 아기가 배 속에 있을 때도 마찬가지다. 산모가 편안한 마음으로 부드럽게 말 걸고 사랑을 표현해 주어 안정적인 환경이 만들어질 때, 엔도르핀 호르몬이 분비되어 태아의 성장에 긍정적인 영향을 줄 수 있다.

논리적 사고력 씨앗 심기① 수학 태교법

1. 수학 태교는 어려운 문제집을 풀거나 19단을 외우지 않고도 의외로 쉽게 접근할 수 있다. 아기와 만날 날을 세어 보며 대화하는 것, 태아의 크기를 과일에 비유해 표현하는 것처럼 말이다. 일상 속에 쓰이는 수학 개념들이 아이와 엄마 모두를 성장시키는 수학 태교가 될 수 있다.
   "오늘은 우리 아가 ㅇㅇ주 △△일, 포도알 2개 크기만 하다고 하네."
   "ㅇㅇ주 △△일, 어느새 오렌지 3개 크기만큼이나 쑥쑥 자랐구나."

2. 수학 동화를 읽어 주는 것도 좋다. 태아의 상상력과 잠재력을 키워 주고 부모와의 유대감을 형성하는 데도 좋다. 시중에 나온 뇌 태교 동화를 선택해도 좋고, 영유아나 초등학생을 위한 수학 동화나 그림책은 산모에게 즐거움과 정서적 안정감을 주는 것은 물론 앞으로의 육아를 위해서도 도움이 된다.

우리 아이 뇌를 튼튼하게 해주는 뇌 태교 그림책 추천

 	**『아기 뇌가 즐거운 감성 뇌태교 동화』** 박문일 지음 비타북스
 	**『하나 둘 셋 공룡』** 마이크 브라운로우 글 사이먼 리커티 그림 비룡소
 	**『알록달록 동물원』** 로이스 엘러트 글 시공주니어

과학 감각을 키우는 시작, 밤낮 구별하기(0~3개월)

갓 태어난 신생아는 엄마 뱃속에서처럼 밤낮 구분이 없다. 수면 시간이 대략 16~20시간 정도로 하루의 70%를 잠으로 보낸다. 생활 리듬이 따로 없고 잠이 얕아 2~3시간마다 일어나 모유나 분유를 마시고 자기를 반복한다.

그러다 점차 뱃구레를 늘려 한 번에 먹는 양이 많아져 4시간 이상 간격으로 수유 패턴이 잡히면, 하루의 생활 리듬이 생긴다. 아침에 일어나 수유하고, 낮에는 엄마, 아빠와 신나게 놀다가 오후 늦게 목욕하고, 저녁 수유 후 베드타임 스토리를 들으며 잠자리에 드는 하루를 반복한다.

이러한 과정을 겪으며 아기는 자연스레 시간의 흐름을 이해한다. 성인에게는 너무나 사소한 일처럼 느껴지겠지만, 아기가 일상생활에서 시간 개념을 알게 되는 것은 놀랍게도 '수'라는 세계에 첫발을 내딛는 일이다. 또한 '낮과 밤'을 구분하는 일은 앞으로 태양과 달, 우주에 이르기까지 아이의 과학 세상이 넓어질 것을 예고하는 일이기도 하다.

논리적 사고력 씨앗 심기② 시간 개념 익히기

1. 아침에는 커튼을 활짝 걷어 아기가 밝은 곳에서 아침 햇살을 기분 좋게 맞도록 하자.
2. 아기가 시간을 이해할 수 있게끔 수유, 놀이, 목욕, 잠자는 시간 등 일과를 규칙적으로 지키자.
3. 낮에는 청소기나 설거지 소리와 같은 생활 소음을 들려주고, 밤에는 어둡게 해주는 것이 좋다. 매일 일정한 시간에 잠자리에 들게 해 낮밤을 구분할 수 있게 하자.
4. 자기 전에는 목욕과 마사지, 기저귀 갈기, 그림책 읽어 주기 등 일정한 수면 의식을 갖는다.
5. 100일 이전에는 백색소음, 그 이후에는 멜로디 형식의 자장가나 연주곡을

틀어 주는 것이 좋다. 우리는 아이가 잘 때면 자장가나 이루마 피아노 연주곡을 반복해서 들려주었더니 어느 순간 자장가가 되어 '이 노래가 나오면 잠잘 시간이구나' 하고 눈을 스르르 감는다.

아기들은 물리학 법칙을 이해하고 있다?(4~6개월)

일리노이대학교 르네 바야르종Renée Baillargeon 심리학 교수는 '유아는 실제 세계를 어떻게 배우는가?How Do Infants Learn About the Physical World?'라는 제목의 논문에서 아기들이 물리학 법칙에 대해 많은 것을 알고 있다는 것을 여러 실험을 통해 밝혔다.

아기가 공중에 떠 있는 사물이 바닥에 떨어지지 않자 뚫어지게 쳐다보는 반응을 보여 '중력' 개념을 이해하고 있다는 것을 알 수 있었다. 또한 공을 가림판으로 가린 채 몰래 공을 치운 후 다시 보여 주었을 때 놀라는 아기의 반응에서 장애물이 있을 때 물체가 다른 물체를 통과할 수 없다는 물리 법칙, 물체가 가려져 보이지 않아도 여전히 존재한다는 '대상 영속성' 개념을 알고 있다고 보았다.

논리적 사고력 씨앗 심기③ 탐구 환경 조성하기

1. 아기가 생활하는 집 안 실내를 마음껏 탐색할 수 있도록 안전한 환경을 제공한다. 위험한 물건은 아이 손이 닿지 않는 곳으로 옮긴다.
2. 사고가 일어날 수 있는 전기제품이나 콘센트, 모서리에 보호 장치를 달아 아이가 다치지 않도록 한다. 안전문을 설치하는 것도 좋다.

3. 작은 이물질을 삼키지 않도록 항상 주의 깊게 살핀다.
4. 여기서 말하는 환경이란 단순히 물리적인 공간뿐만이 아니라 집안의 분위기, 가족의 대화, 행동 등 모든 요소를 포함한다.

원인과 결과를 파악하는 수학 논리 배우기(7~9개월)

-장난감의 버튼을 누르자 불빛이 반짝이며 멜로디가 흘러나온다.
-스마트폰을 몇 번 터치하자, 회사에서 일하고 있는 아빠의 얼굴이 보이고 목소리가 들린다.
-공기 청정기 리모컨을 누르자 휘잉 소리를 내며 바람이 나온다.
-전등 스위치를 똑딱 했을 뿐인데, 불이 켜지고 꺼진다.
-아기가 뒤집기를 하자 가족들의 박수 소리와 환호성이 들린다.

이 활동에는 공통점이 있다. 원인에 따른 결과가 따라온다는 것, 그리고 그 안에 놀랍게도 수학 논리가 숨어 있다는 점이다. 아기는 장난감의 버튼을 누르자 불빛이 반짝이며 멜로디가 흘러나오는 걸 보면서 신기해한다. 뽀통령 펜의 버튼을 누르자 '안녕?' 하고 아기 펭귄이 인사하며 노래한다. 아기는 놀라움에 엄마 얼굴을 한 번 쳐다보기도 한다. 이것은 자신의 말과 행동으로 인해 어떤 결과를 경험하게 되었을 때도 마찬가지다. 아기가 몸을 수없이 뒤척거리다 마침내 뒤집기를 해냈을 때 온 가족들의 박수 소리와 환호성을 들으면 아기는 속으로 이렇게 생각할 것이다. "어라? 나 칭찬받은 거야? 한 번 더 뒤집어볼까나?"

어떤 경험을 많이 하느냐에 따라 두뇌의 시냅스 연결망은 점점 더 강력해진다.

따라서 아기가 해냈다는 성취감을 많이 경험할 수 있게 돕는다. 부모가 아기의 능동적인 생각을 유도하는 환경을 제공하는 것이 핵심이다.

논리적 사고력 씨앗 심기④ 수학 논리 회로 만들기

1. 아기와 함께 자연을 접할 기회를 자주 만든다. 비 오는 날 땅이 촉촉하게 젖는 것을 관찰하고, 눈 오는 날엔 뽀드득 소리 내 발자국을 남기며 자연 현상에 대한 이해를 돕는다. 시냇물이 졸졸 흘러가는 소리를 들으며 헤엄치는 물고기를 넋을 놓고 바라보고, 포도 알맹이를 만지작거리다 안에서 씨앗이 톡 하고 튀어나오는 것도 체험한다.
2. 가정에서 TV나 컴퓨터 같은 가전 전자제품이나 장난감의 작동원리를 아는 것 또한 원인과 결과를 파악하는 논리적 사고력을 키우는 방법이 된다. 딸랑이를 흔들 때마다 원형 안 구슬이 부딪쳐 예쁜 소리가 나고, 전자기기의 ON 버튼을 누르면 작동이 시작되는 등 사물의 다양한 변화를 통해 인과관계를 이해할 수 있다. 이것은 사물의 속성을 배우는 일이기도 하다.
3. 목 가누기, 뒤집기, 기기, 걷기처럼 발달 단계별 과업을 해낼 때 아기를 칭찬해 주는 일은 매우 중요하다. 자신의 행동에 따른 결과를 온몸으로 체험한 아기는 부모의 칭찬이나 반응에 따라 그 행위를 더 열심히 할지를 결정한다. 더 나아가 단계별 발달의 결과는 지속적으로 누적되어 생애 전반에 영향을 미친다.

'크다'와 '작다', '많다'와 '적다', '길다'와 '짧다' 등 수학에 대한 기본감각 키우기(10~24개월)

'영유아기의 수학 능력이 추후 논리적 사고력의 기초가 된다는 연구'가 이어지고 있다. 사실일까? 영유아를 위한 수학 관련 도서나 프로그램 소개서를 받아들면 '벌써 이런 걸 해야 하나' 싶어 한숨만 나올 것이다. 하지만 답은 생활 속에서 찾을 수 있다. 블록 탑 쌓기 놀이를 하며 하나의 블록을 또 다른 것 위에 올려놓는 순간, 형이 먹은 포도알이 자기가 먹은 것보다 하나 더 많다는 걸 눈치챈 순간, 키 재기 줄자로 키를 재며 노는 순간마다 '크다'와 '작다', '많다'와 '적다', '길다'와 '짧다'와 같은 수학에 대한 기본감각이 자라난다.

흔히 볼 수 있는 원목 장난감, 천으로 만든 인형, 리본, 공, 블록, 나무막대 등과 같은 다양한 생활소품들을 관찰하다 보면 서로 다른 모양과 특징을 발견하게 되고, 구체물을 조작하다 보면 공간을 지각하는 능력이 생기고 논리적 사고력이 향상된다. 개월 수가 늘어날수록 수에 대한 기본개념이 형성되면서 생활 속에서 콩을 한 알, 두 알, 세 알 셀 수 있고 동그라미, 세모, 네모와 같이 공간을 지각하며 사물을 모양, 크기, 형태, 색, 쓰임새 등에 따라 분류하는 능력이 발달한다. 눈으로 볼 수 있는 구체적인 대상을 가지고 아이와 놀며 말을 걸어 줄 때, 수학에 대한 기본감각이 키워져 이것이 추후 논리적 사고력의 기초가 된다.

논리적 사고력 씨앗 심기⑤ 구체물로 수 감각 키우기

1. **'많다'와 '적다'**: 리본이나 구슬, 색연필 등을 하나씩 더하고 빼며 수가 늘어나고 줄어드는 모습으로 알려 줄 수 있다.

2. **'길다'와 '짧다'**: 키 재기 줄자로 아랫부분을 바닥에 고정하고 위에 손잡이를 고정해 키를 재다 보면 점차 높이의 개념을 알아 간다.
3. **'크다'와 '작다'**: 러시아 전통 인형 '마트료시카(Matryoshka)'는 큰 인형 안에서 작은 인형이 계속해 나온다. 크기대로 인형을 끼우고 넣다 보면 소근육이 발달할 뿐 아니라, 크기를 비교하는 수학적 개념이 키워진다.

공간지각력과 문제해결력 키우기(13~24개월)

17개월 무렵, 아이가 서로 다른 크기의 밀폐 용기 두 개를 만지작거렸다. 뚜껑을 두 용기에 번갈아 대보고 크기에 맞게 딱딱 소리 내며 닫고 열기를 반복했다. 두 개의 각기 다른 용기의 짝을 용케 찾아내 딱딱 소리 내며 닫았을 때, 이제 이런 것까지 할 수 있게 되었다며 작은 감동이 밀려왔다. 남들이 보기에는 매우 단순해 보이는 행동에 불과하지만, '같은 것과 다른 것을 구별하는 것이 수학교육의 시작'이라는 말이 떠올랐다. 아이는 입체물의 서로 다름을 인식하고, 크기에 대한 서열화 개념을 감각적으로 인지해 수학적으로 문제를 해결하는 중이었다. 이런 능력을 더 키워주려면 어떤 활동이 좋을까?

블록이나 상자 쌓기, 퍼즐 놀이를 어렸을 때부터 즐겨 하는 것이 좋다. 이런 활동은 패턴을 인식하고, 사물에 대한 시공간 인지력을 높이며, 더 나아가 단계가 높아지면 다른 방향에서 볼 때나 회전시켰을 때 눈에 보이지 않는 형태를 마음속에서 상상해 내는 데에도 크게 도움이 되기 때문이다. 특히 미래의 엔지니어나 과학자, 건축가, 예술가에게 꼭 필요한 능력이다.

논리적 사고력 씨앗 심기⑥ 블록 쌓기로 공간지각력과 문제해결력 키우기

1. 퍼즐을 맞추고 블록을 쌓으면서 입체를 이해하고 공간 감각을 익힌다.
2. 블록이나 상자 쌓기 놀이를 하며 크기와 순서에 대한 개념을 갖는다.
3. 블록을 쌓고 손가락으로 톡, 안아서, 발로 차 무너뜨리는 것을 반복하며 놀이한다. 개월 수가 늘어갈수록 블록을 더 높게 쌓을 수 있어 높이에 대한 개념이 생긴다. 블록 중간을 잡아 아이가 더 높이 쌓아 올릴 수 있게 돕는다.
4. 구체물을 탐색하고 조작하는 활동을 통해 눈과 손의 협응력이 좋아지고, 소근육이 발달한다.

아기 체육인의 탄생, 신체 놀이 육아법

베이비 마사지로 구석구석 신체 발달 살피기(0~3개월)

신생아 때 아기 배꼽 탈장이 발견되었다. 배꼽 부위의 근육이 약해서 장이 근육 밖으로 속살을 비집고 나와 피부 아래까지 밀려 나와서 배꼽 부분이 동그랗게 튀어나오는 증상이다. 배꼽탈장은 여아에게 많이 생기는 편이고, 대부분 생후 6개월에서 돌 무렵이 되면 저절로 사라진다고 하지만 내내 신경이 쓰였다.

매일 아기를 씻기고 마사지하고 체조시키면서 머리부터 발끝까지 구석구석 살펴보는 시간을 가졌다. 다행히 6개월 정도 지나자 점점 작아지더

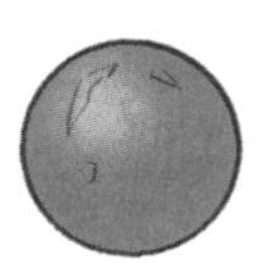

니, 돌 무렵에는 완전히 정상으로 돌아왔다.

베이비 마사지는 아기의 성장발달을 돕는 최고의 스킨십으로 알려져 있다. 신진대사를 원활하게 하고 면역력도 높인다. 또한 온몸 구석구석 발달을 살펴볼 수 있다. 베이비 마사지를 통해 매일 아기의 허벅다리와 배 등에 로션을 발라 천천히 마사지해 보자.

평생 체력의 토대를 키우기① I Love You 베이비 마사지 놀이

준비물: 로션

놀이 방법

1. 아기를 똑바로 눕힌 다음, 로션을 발라 부드럽게 흡수시킨다.
2. 아기 배 오른쪽에 손바닥을 올린 뒤 위에서 아래로 I(아이)자로 부드럽게 쓸어 내린다.
3. 배꼽 위에서 왼쪽에서 오른쪽으로, 아래로 L(엘) 모양으로 마사지한다.
4. 뒤집힌 U(유) 모양으로 그리듯 쓸어 준다.
5. 아기 체조도 병행하면 좋다.
6. 얼굴, 팔다리, 등, 가슴 등 더 다양한 부위별 베이비 마사지법을 익혀서 해 준다.

아이러브유 베이비 마사지

놀이 효과

· 베이비 마사지는 신진대사를 원활하게 해 성장발달에 좋다.

· 아이의 내장발육을 도와 장을 튼튼하게 해 배앓이를 방지한다.

· 스킨십을 하며 정서적 유대감을 강화한다.

· 부모도 아기의 신체 구석구석을 살펴보며 건강 상태를 확인할 수 있다.

· 아기 체조는 팔다리를 이완시키고 근육발달을 도울 뿐 아니라, 서고 걷는 발육과정에도 도움이 된다.

주의 사항

· 수유 직후에는 피해야 한다. 최소 30분 이후에 한다.

· 아기의 컨디션을 살펴가며 천천히 진행한다.

· 음악을 들려주며 부드러운 분위기 속에서 아기의 청각을 자극하는 것이 좋다.

· 아기와 꼭 눈을 맞추어 교감한다.

엄마 배 위에서 '터미 타임' 갖기(0~4개월)

터미 타임Tummy Time은 'Tummy(배)'와 'Time(시간)'의 합성어다. 아기의 상체 힘을 길러 주기 위해 배로 엎드린 자세를 취하도록 하는 모든 활동을 뜻한다. 생후 50일 기념으로 스튜디오에서 무료 촬영해 주는 곳이 많은데, 터미 타임을 부지런히 연습해서 멋진 사진을 남겨 보자.

평생 체력의 토대를 키우기② 터미 타임으로 목 가누기

준비물: 단단한 매트, 낮은 쿠션이나 베개

놀이 방법

1. 아기를 매트리스 위에 엎드려 눕힌다.
2. 개인차가 있으나 보통 생후 20~30일에 시작하는 경우가 많다.
3. 아기가 목에 힘이 부족하면 쿠션이나 낮은 베개를 받쳐 준다.
4. 30초, 50초, 1분, 2분… 잠깐씩 시도하며 시간과 횟수를 점차 늘려간다.

놀이 효과

· 목 가누기뿐만 아니라 팔과 등의 전신 근육을 강화하는 운동 효과가 있다.
· 엄마와 아빠의 배 위에서 터미 타임 연습을 할 때는 서로의 심장 소리를 들을 수 있어 애착 형성에도 도움을 준다.

· 누워 있을 때보다 시야가 넓어져 아기들이 주변 환경을 탐색하게 되는 장점도 있다.

주의 사항

· 반드시 부모가 보고 있을 때만 엎어 두어야 하며 지켜보아야 한다.

· 질식사 위험이 있으니 푹신한 이불에서 해선 안 되며, 단단한 매트 위에서 해야 한다.

· 수유 직후에는 토할 수 있으니 수유 30분 이내에는 하지 말아야 한다.

눈과 손의 협응력 키우기(5~8개월)

아기는 한시도 가만히 있지 않는다. 여러 물건을 탐색하고 두드리기 바쁘다. 냄비나 분유통 등을 잘 활용하면 아기에게 훌륭한 체력 향상 도구가 된다. 손에 나무 주걱이나 막대를 들고 다양한 물건들을 두드리면서 팔과 허리와 같은 대근육을 사용한다.

종이를 찢거나 비비고 구기고 밟아 보는 것도 아이에게는 놀이가 된다. 아기에게 해냈다는 작은 성취감을 경험하게 하고, 쾌감을 느끼게 해 스트레스 해소에도 도움이 된다. 다양한 종류의 종이를 다루다 보면 색깔, 촉감, 질감은 물론 구기거나 찢을 때 소리가 다르다는 경험을 해 시청각적 자극을 받을 수 있다.

평생 체력의 토대를 키우기③ 분유 통 드럼 연주 놀이

준비물: 냄비, 남은 분유 통, 조리도구, 나무 주걱

놀이 방법

1. 아기에게 다양한 조리도구를 보여 주며 탐색하게 한다.
2. 냄비나 분유 통을 뒤집어 아기가 두드려 볼 수 있게 한다.
3. 분유 통 안에 소리 나는 재료를 넣어 흥미를 유발한다.

놀이 효과

· 두드리기는 소근육의 조절력 발달과 오감 발달을 돕는다.
· 종이 찢기로 눈과 손의 협응력이 발달한다.

미는 장난감으로 걸음마 도와주기(9~12개월)

영아기 발달의 꽃이라 할 수 있는 '걸음마'를 위해 아기는 태어나 1년간 목 가누기, 뒤집기, 기기, 앉기, 붙잡고 서기까지 일련의 발달 순서를 거쳐 왔다. 목, 어깨, 팔, 허리, 손발 순으로 일정한 순서에 따라 대근육 운동 발달이 이루어지기 때문이다. 생후 3개월을 전후해 목을 가누고, 약 6개월이 지나면 허리에 힘이 생겨 앉을 수 있고 이후 붙잡고 서다가 혼자 설 수 있는 시기가 온다. 12~15개월이 되면 마침내 걷는다. 발달 단계는 빠를수록 좋은 것이 아니라, 각 단계를 충분히 경험해 균형 잡힌 성장을 하는 것이 중요하므로 속도에 조바심 낼 필요는 없다. 형제간이

라고 하더라도 걷는 시기에는 개인차가 크다.

평생 체력의 토대를 키우기④ 걸음마 놀이

준비물: 걸음마 보조기

놀이 방법

1. 아기에게 걸음마 보조기를 보여 준다.
2. 보통 걸음마 보조기에는 음악이 나오거나, 아기자기한 버튼을 눌러 보게 하는 요소가 있으니 조작하며 이야기를 나눠 본다.
3. 아기가 보조기를 밀어 걸음마를 할 수 있도록 격려해 준다.
4. 아기가 이동할 때마다 칭찬하며 말을 건넨다.

놀이 효과

· 집중해서 목표물을 향해 걸어가는 행동은 뇌 발달을 돕는다.
· 대근육 운동 기능이 발달해 아이의 욕구와 호기심 해결을 돕는다.
· 아이의 정서적 안정감과 긍정적 성격 형성에도 영향을 미친다.

공을 굴리고 줍는 놀이로 대근육 발달시키기(13~18개월)

집에서도 몸을 움직이는 운동을 자주 하는 것이 좋다. 색깔과 모양이 다양하거나 재미난 소리가 나는 등의 효과를 보이는 공이 아이의 시선을 사로잡는다. 천이나 부드러운 소재로 만들어진 공도 아기에게 편안함을 주어 좋다. 공을 굴리고 줍는 놀이는 아기의 호기심과 상상력을 자극한다. 굴러가는 공에 시선이 따라가 몰입하다 보면 집중력도 키울 수 있다. 놀이 후 고무 욕조에 공을 담아 집 안 한구석에 볼풀을 만들어 주면 아이가 안에서 뒹굴며 놀 수 있어 효과 만점이다.

평생 체력의 토대를 키우기⑤ 우리 집 미니 공 놀이장

준비물: 다양한 색, 크기, 재질의 공

놀이 방법

1. 아기에게 다양한 색과 모양의 공을 보여 주며 대화를 건넨다.
2. 공을 직접 만져 보고 탐색할 수 있게 도와준다.
   "와, 만져 보니 어때?"
   "보들보들, 솜사탕처럼 부드러운 공이지?
3. 공을 하나씩 굴리며 줍게 한다.
   "동글동글 파란 공이 데구르르르~ 굴러가는구나!"
   "또르르르, 굴러갑니다. 딸랑딸랑, 맑은 소리를 내네."
4. 공을 굴리거나 주워 올 때마다 아기의 행동을 칭찬해 준다.

놀이 효과

· 대근육 발달을 돕는다.
· 신체 조절 능력을 기를 수 있다.
· 색깔 인지 능력을 키울 수 있다.

머리, 어깨, 무릎 노래에 맞춰 율동하며 집중력 키우기(19~24개월)

"머리, 어깨, 무릎, 발, 무릎, 발Head, shoulders, knees and toes, knees and toes"

어릴 때 수도 없이 불러 본 노래일 것이다. 신생아 시기에 누워 있을 때부터 신체 부위를 콕콕 짚어 주며 부를 수 있는 노래다. 아이가 홀로 설 수 있을 만큼 자라면 리듬에 맞춰 스스로 귀, 코, 입을 짚는다. 이 놀이를 통해 신체 인지를 돕고 집중력도 키울 수 있다.

Head shoulders knees and toes knees and toes
머리 어깨 무릎 발 무릎 발
Head shoulders knees and toes knees and toes
머리 어깨 무릎 발 무릎 발
Eyes and ears and mouth and nose
눈과 귀와 입과 코
Head shoulders knees and toes knees and toes
머리 어깨 무릎 발 무릎 발

평생 체력의 토대를 키우기⑥ 노래에 맞춰 신체 부위 터치하기 놀이

놀이 방법

1. 한글 또는 영어로 머리, 어깨, 무릎, 발 노래를 부른다.
2. 노래에 맞추어 아기의 신체 부위를 부드럽게 만진다.

3. 속도를 빠르게 또는 느리게 하거나, 소리를 크게 또는 작게 변화를 주며 재미를 더한다.
4. 끝까지 잘하면 칭찬하며 같이 짝짜꿍 박수를 친다.

놀이 효과

· 머리부터 발끝까지 움직여 전신운동 효과가 있다.
· 신체 부위 인지를 돕는다.
· 집중력을 키울 수 있다.

아기 예술가의 탄생, 표현력 놀이 육아법

엄마의 심장 소리는 최고의 음악 태교

세상의 모든 소리는 음악이다. 배 속에서 듣던 엄마의 심장 소리는 아기에게 매일 온몸을 울리던 진동이었다. 양수의 움직임은 흡사 잔잔한 멜로디와 같았을 것이다. 달팽이관은 임신 6주 때부터 12주 정도에 분화, 완성된다고 한다. 임신 20주를 전후해 태아에게 전달되는 소리 자극은 뇌에 전해져 마침내 청력을 갖는다. 그래서 태아는 아빠가 엄마 배에 손을 얹고 태교 동화를 읽어 주던 목소리도, 비 오는 날 땅을 촉촉하게 적시는 경쾌한 빗소리도, 사랑한다고 말하는 목소리도, 엄마의 심장 뛰는 소리도 들을 수 있다.

표현력을 키우는 법① 세상의 소리 듣기 놀이

놀이 방법

아기 배에 손을 얹고 들려주세요. 운동장이나 놀이터에서 뛰어노는 아이들 소리, 우산에 닿는 경쾌한 빗소리, 저음이라 아기에게 더 잘 들리는 아빠의 태담 목소리, 엄마 아빠가 좋아하는 음악 등.

놀이 효과

· 산모와 태아에게 정서적 안정감을 준다.

· 풍부한 감성을 키울 수 있다.

집 안 곳곳의 다양한 소리 들려주기(0~3개월)

피아니스트 조성진이 쇼팽 국제 피아노 콩쿠르에서 우승한 후, '그의 성공 뒤에는 음악 유산도, 부모의 올인도 없었다!'는 기사 헤드라인이 사람들의 이목을 끌었다. 보통 콩쿠르 입상자가 발표되는 순간, 부모가 감격하거나 눈물 흘리는 모습이 같이 카메라에 잡히기 마련이다. 하지만 조성진이 밝힌 부모님에 관한 이야기는 뜻밖이었다. 건축 회사에 다니는 회사원 아버지와 주부인 어머니는 음악을 잘 모르셔서 무조건 자신을 지지해 주신 덕분에 음악을 즐길 수 있었다고 한다. 만약 음악을 많이 아는 분들이었다면, 지금과는 달랐을 것이라고 말이다.

온몸으로 곡의 풍부한 감성을 전하는 조성진의 연주 이면에는 여행, 문학, 요리 등을 좋아하며 '행복하게 사는 것'을 꿈으로 꼽는 일상이 있었다. 시간 날 때마다 파리 시내의 빵집들을 돌아다니면서 맛있는 케이크 먹는 것을 좋아한다는 그에게는 일상의 모든 것이 음악에 영감을 주는 일들이었을 것이다. 카페에서 흘러나오는 음악 소리나, 달그락거리는 찻잔 소리, 오븐에서 부풀어 오르는 빵까지도 모두 음악적 영감을 주었을 것이다.

부모가 음악 전공자나 클래식 애호가가 아니어도 좋다. 아기와 집 안 곳곳을 돌아다니며 일상의 다양한 소리에 귀 기울이게 하자. 그림책을 한 장 한 장 넘기는 소리, 빗방울이 똑똑 떨어지는 소리, 동물 울음소리 등을 경험하게 하면 청각적 자극을 줄 수 있고 세상의 여러 소리를 변별하는 인지 능력이 발달할 수밖에 없다. 어릴 때부터 음악을 많이 들려주어 진정으로 즐길 수 있게 하면, 그보다 아이 인생에 더 좋은 선물이 있을까.

표현력을 키우는 법② 생활 속 소리 찾기 놀이

놀이 방법

1. 아기를 안고 거실, 주방, 세탁실 등을 다니며 다양한 소리를 집중해서 들어본다.
2. 가전제품이나 각종 도구에서 나는 소리를 들려주며 아기의 흥미를 유발할 수 있도록 "이건 무슨 소릴까?" 하고 소리에 관해 이야기한다.
3. 의성어와 의태어로 실감 나게 흉내 낸다.

예린아, 이게 무슨 소리지? (수도꼭지를 올려 물을 틀며) 쏴~ 하면서 물이 시원하게 쏟아지네.

(드라이기를 켜 강도를 바꾸어 가며) 위잉~ 따뜻한 바람이 나오지? 좀 더 세게 틀면, 소리도 더 크게 휘이잉~~.

(식기세척기의 전원 버튼을 누르며) 어? 이걸 누르니 띵! 소리가 방금 났지? 쏴아아~ 물이 시원하게 나오네. 달그락 달그락~ 그릇이 깨끗하게 목욕을 하는 소리야. 가만히 귀 기울여 들어볼까?

놀이 효과

· 다양한 소리를 들으며 청각지각력이 향상된다.

· 여러 소리를 변별하는 인지 능력이 발달한다.

부드러운 두부, 미역, 삶은 국수, 월남쌈 건면을 활용한 촉감 놀이(4~6개월)

문화센터에 오감 놀이 수업을 등록해 두고도 미세먼지다 바이러스다 외출조차 못 하고 있을 때였다. 비싼 유기농 요구르트를 기껏 발품 팔아 사 주었더니, 잠시 안 본 사이 아이가 바닥에 쏟아 놓고는 온통 범벅을 해두는 것도 모자라 그 위에 손가락으로 왔다 갔다 교차로를 그리고 있었다. 아껴먹던 몇 개 안 남은 딸기를 손으로 조물조물 으깨더니 그 위에 꽃잎처럼 뿌리고 발바닥으로 사뿐히 지르밟으려던 찰나, 해탈의 경지를 넘어서 마음 깊은 곳에서 깨달음의 소리가 들려왔다.

'감각 놀이가 뭐 별건가? 전통과 인습, 틀을 깨는 저 자유로운 영혼을 보라… 지못미, 마이 스트로베리……. (엄마복음 7장 7절)'

집에서 아이와 같이 사고(?) 치는 시간 자체가 이미 놀이고 교육인 것이다. 삶은 국수나 두부, 미역과 같은 다양한 요리 재료는 아이에게 좋은 오감 자극 놀잇감이 된다. 얇고 투명한 월남쌈처럼 물에 적시면 부들부들 성질이 달라지는 변화를 보여 주는 것도 훌륭한 놀이다. 이렇게 손으로 만지고 냄새 맡는 오감 놀이는 감각 발달을 돕는 것은 물론 아기의 눈과 손의 협응력을 길러 주고 소근육 발달을 돕는다.

표현력을 키우는 법③ 미끌미끌 보들보들 촉감 놀이

준비물: 불린 미역, 그릇

놀이 방법

1. 미역을 물에 미리 불려 둔다.
2. 그릇에 불린 미역을 물과 함께 넣는다.
3. 아기가 미역을 만지고 건져 볼 수 있게 한다.
4. 미역의 모양, 색깔, 냄새, 질감에 대해 함께 탐색하며 이야기를 나눈다.
5. 짱구 눈썹과 두건을 붙여 주고, 팔목에 명품 미역 시계 등을 둘러주거나 보헤미안 랩소디 분장을 해 거울로 보여 준다.

바다에서 친구가 놀러 왔어. 짜잔~. (미역을 물에서 건져 올리며) 안녕, 내 이름은 미역이야. 어때, 아주 미끌미끌하지?

(눈썹을 붙여 주며) 아니, 이게 누구야. 짱구 눈썹 예린이잖아! 거울 한번 봐. 어때?

놀이 효과

· 아기가 다양한 감각기관을 통해 사물을 탐색하며 민감성이 발달한다.

· 손을 많이 쓸수록 두뇌 발달에도 도움이 된다.

· 아기의 눈과 손의 협응력을 길러 주고 소근육 발달을 돕는다.

멋진 악기가 되는 생활용품 놀이(7~9개월)

"아이가 평생 음악을 친구처럼 생각하고 악기 하나쯤은 제대로 다루며 즐길 줄 아는 아이로 자라면 좋겠어요."

초등학교에서 학부모 상담을 하다 보면 나오는 단골 멘트다. 그만큼 음악교육에 대한 열망이 높다 보니 영유아 때부터 '아이의 결정적 시기'를 놓치지 말라는 피아노 학원이나 음악 사교육 업체들의 광고가 눈에 들어온다.

하지만 피아노나 바이올린 같은 기성 악기가 아니어도 아기와 음악을 즐길 방법은 무궁무진하다. 일상생활 속 재료를 활용해 얼마든지 다양한 소리를 경험할 수 있다. 분유 통은 드럼으로, 깨소금 통은 마라카스maracas로, 말차가루 스틱과 국민 커피믹스, 비타민 포 등은 순식간에 에그 셰이커egg shaker로 멋지게 변신할 수 있다. 두드리고 치고 흔드는 걸 좋아하는 어린아이들을 위해 생활 속 놀잇감을 악기로 준비해 함께 연주하며 소리와 박자를 온몸으로 느껴 보자.

표현력을 키우는 법④ 깨소금 통 마라카스, 비타민 에그 셰이커로 연 작은 음악회

준비물: 악기가 될 수 있는 모든 생활용품

(분유 통, 깨소금 통, 비타민, 비닐봉지, 나무막대 등)

놀이 방법

1. 악기가 될 만한 주변 사물들을 준비해 둔다.
2. 깨소금 통을 주어 흔들어 보게 한다.
3. 비타민 포를 에그 셰이커처럼 위아래로 흔들어 보며 소리 내게 한다.
4. 그 밖에도 분유 통은 뒤집어 드럼으로, 플라스틱 통 등에는 쌀알 같은 소리 나는 것을 넣고 흔들면서 박자에 맞춰 노래해 본다.

놀이 효과

· 음악을 생활 속에서 자연스럽게 받아들여 즐거운 놀이로 인식할 수 있다.

· 같이 손뼉 치거나 박자를 맞추어 리듬감, 박자감이 발달한다.

· 스킨십이 더해져 음악으로 온 가족이 함께 교감할 수 있다.

육아 에피소드로 동요 만들기(10~12개월)

어릴 때 아빠가 매일 아침 전축에 LP판을 올려 클래식 음악에서부터 조안 바에즈의 컨트리 음악까지 다양한 음악을 들려주셨다. 그 덕분에 낭만적인 아침을 맞았고 음악가 하나 없는 집안에서 절대음감을 갖게 되었다.

나는 아이를 키우면서 경험한 다양한 일과 육아 꿀팁을 담아 노래를 만들고 있다. 직접 작곡, 작사하거나, 인공지능 작곡 앱을 활용하거나, 좋아하는 곡이나 귀에 익숙한 멜로디에 노랫말을 붙여 보는 등의 다양한 방법으로 음악을 만들고 있다.

표현력을 키우는 법⑤ 육아 에피소드로 동요 만들기

놀이 방법

1. 좋아하는 곡이나 귀에 익숙한 멜로디에 노랫말을 붙여 보자. 가사를 쉽게 바꾸어 부를 수 있는 곡을 소개하면 다음과 같다.

   동요: 〈곰 세 마리〉, 〈꼬부랑 할머니〉, 〈내 동생〉, 〈따르릉 자전거〉, 〈둥글게 둥글게〉, 〈하늘나라 동화〉, 〈ABC송〉, 〈상어가족〉, 〈머리 어깨 무릎 발〉, 〈앞으로 앞으로〉, 〈아빠 힘내세요〉, 〈새싹들이다〉, 〈아빠와 크레파스〉 등

   클래식: 모차르트의 〈작은 별 변주곡〉, 베토벤의 〈비창 소나타〉, 엘가의 〈사랑의 인사〉, 바흐의 〈미뉴에트〉, 보로딘의 〈젓가락 행진곡〉, 요나손의 〈뻐꾹 왈츠〉, 네케의 〈크시코스의 우편마차〉, 드보르자크의 〈유머레스크〉 등

2. 인공지능 기술로 만든 작곡 앱 '험온Hum On'을 활용할 수도 있다. 구글 플레

이 스토어나 애플 앱 스토어에서 다운로드할 수 있다. 멜로디를 허밍(콧노래, 흥얼거림)하면 악보가 완성되어 나온다. 녹음을 마친 후에는 멜로디(기본), 뉴에이지, 키즈, 발라드, 셔플, R&B, 록, 클래식까지 음악 장르를 선택해 완성도를 높일 수도 있다. 아이가 조금 더 크면 같이 부를 수 있어 좋다.

놀이 효과

· 아이의 마음을 따뜻하게 해 풍부한 감성을 갖게 한다.

· 아이의 언어로 노래를 만들어 주면 언어적 자극이 될 수 있다.

유리창이나 벽면에 그림 그리기(13~18개월)

돌이 지나 손 활동을 제법 야무지게 하는 아기와 그럴듯한 미술 활동을 해보고 싶었다. 그래서 아기를 위한 무독성 크레용과 색연필을 발품 팔아 알아보니 초콜릿이나 꿀로 만든 것부터 고가의 해외 브랜드에서 만든 것까지 여러 종류가 있었다. 그런데 아기 전용 제품이라서 무독성이라 해도 뚜껑을 열자마자 인공적인 화학첨가물 냄새가 난다는 등 사용자가 올려놓은 평이 마음에 걸렸다. 살까 말까 망설이던 중 냉장고 문을 열었는데 순간 블루베리, 오렌지주스, 케첩과 머스터드소스가 눈에 띄었다. '그래, 이거다!' 하는 생각이 들었다.

천연색소를 일반 가정집에서 따로 구하기도 쉽지 않으니, 있는 재료를 써서 해보는 것도 나쁘지 않겠다 싶었다. 아니나 다를까. 몰랑몰랑한 케첩을 흔들어 짜고, 머스터드소스의 달콤 시큼한 냄새를 킁킁 맡아가며, 블루베리와 오렌지 주스를 섞은 덕분에 첫 번째 판타스틱한 미술 수업이 되었다. 케첩과 머스터드소스를 한

쪽 면에만 살짝 뿌린 후 반대쪽에 찍어낸 생애 첫 데칼코마니 작품도 만들었다. 비록 난장판이었지만, 그렇게 첫 신고식을 마쳤다. 자신감을 얻은 이후에는 유리창에 아기와 함께 아트를 하겠다며 지워지는 펜을 구매했다. 입에 넣지 못하게 철저하게 관리 감독해야 했지만 아기가 별 뜻 없이 죽죽 긋는 선에 일필휘지라며 감탄하고 손뼉 치느라 바빴다.

표현력을 키우는 법⑥ 함께 벽화 그리는 감각 놀이

준비물: 지워지는 색연필

(상황에 따라 식용색소나 케첩, 머스터드소스 등 색이 선명한 생활 재료를 활용할 수도 있다.)

놀이 방법

1. 낙서해도 상관없는 유리창이나 욕실 벽면을 이용한다.
2. 색연필을 쥐고 선을 긋고 그릴 수 있게 한다.

예린이는 어떤 색 쓸 거야? 초록색을 쓰려고 하는구나. 그럼 엄마는 여기에다가 파란색으로 그릴 거야. 우리 같이 그려 볼까?

놀이 효과

· 집중력을 키울 수 있다.

· 소근육 발달 효과가 있다.

· 무엇을 그리고 있는지 질문하며 대화하는 것은 언어 발달에도 도움이 된다.

아기가 좋아하는 것들을 찍은 사진으로 그림책 만들기(18~24개월)

〈아홉 살 인생〉이라는 영화에는 산동네에서 살아가는 초등학교 3학년 여민이의 우정, 사랑, 일, 가족 이야기가 나온다. 이제 갓 세상에 눈떠가는 돌배기 아기에게도 '두 돌 인생'이라는 제목을 붙여 볼 수 있을까? 아기가 좋아하는 음식, 물건, 애착 인형 등을 찍은 사진을 인화해 그림책을 만들어 본다면 훗날 소중한 선물이 될 것이다. 여행, 돌잔치, 크리스마스와 같은 특별한 날이나 가족의 추억이 있는 장소에서 찍은 사진도 좋다.

표현력을 키우는 법⑦ 그림책 만들기

준비물: 바인더, 아기가 좋아하는 다양한 사진(음식, 물건, 동물, 애착 인형 등) 또는 추억이 담긴 사진(여행, 돌잔치)의 인화지

놀이 방법

1. 아기가 좋아하거나 가족의 추억이 있는 다양한 디지털 사진을 인화한다(인터넷 인화소를 통해 장당 10원 정도의 저렴한 가격으로도 가능하다).
2. 모은 사진들을 엮는다.
3. 그림책처럼 한 장씩 넘겨 가며 대화식으로 묻고 답한다.

이게 뭘까? 우리 예린이가 간식 때마다 '주세요' 하는 맛있는 과일이지? (아기의 대답을 유도하며) 바바바바, 바나나. 노오~란 바나나. 따라 해 봐. 바나나.

어머, 이게 누구야? 보들보들 감촉이 보드라운 우리 애착 인형 토깽이잖아. 방에서 토깽이를 데려와 볼래?

놀이 효과

· 표현 어휘 향상과 언어 유창성 발달에 도움이 된다.

· 기억력 발달을 돕는다.

· 사진과 사물의 대응 관계를 파악하는 능력이 발달한다.

· 아기가 좋아하는 것과 추억을 공유하면서 정서적 유대가 강화된다.

가족의 행복한 순간을 그린 명화 감상하기(6~24개월)

아기를 무릎에 앉힌 후 르누아르의 그림 〈어머니와 아기〉를 함께 보았다. 일상의 행복한 순간을 화폭에 담았던 인상주의 화가 르누아르의 그림은 언제 보아도 편안함을 준다. 엄마의 따스한 미소와 아가의 뽀얀 살결을 보고 있자니 그림 속으로 빨려 들어가 우리가 마치 그림의 주인공이 되는 듯한 기분이 들었다. 마침 거실에 틀어놓았던 〈드뷔시의 달빛〉 음악이 저녁 어스름에 녹아 이 순간의 행복을 더해 주었다. 아기는 너무 어려 기억하지는 못하겠지만, 무릎에 앉아 그림책을 읽으며 체온을 함께 나눈 이 순간을 나는 잊지 못할 것 같았다.

"너와 눈을 맞추고 함께 책을 읽는 이 시간이 엄마에게 가장 소중해."

"이 그림은 르누아르의 〈어머니와 아기〉라는 그림이란다. 아기는 엄마 무릎 위에 앉아 통통 다리를 튕겨요. 그림 속 아가도 우리 예린이처럼 허벅지가 아주 튼튼한걸!"

표현력을 키우는 법⑧ 명화 감상하기

준비물: 아기와 함께 보고 싶은 그림, 함께 듣고 싶은 음악

엄마를 위한 추천 그림

클림트 - 〈엄마와 아기〉

르누아르 - 〈어머니와 아기〉, 〈산책〉, 〈젖 먹이는 어머니〉

메리 케세트 - 〈모성애〉, 〈엄마와 아이〉

에밀 무니에 - 〈부드럽게 껴안은 엄마와 아이〉

제임스 티소 - 〈연못가에 있는 뉴턴 부인과 아이〉

아빠를 위한 추천 그림

렘브란트 판 레인 - 〈성스러운 가족〉

빈센트 반 고흐 - 〈첫걸음〉

칼 라르손 - 〈거울을 바라보는 칼 라르손〉, 〈딸 브리타와 함께 있는 자화상〉

레이니어르 크라에이방어르의 〈아빠 왔다〉

추천 배경음악BGM

드뷔시의 〈달빛〉

슈만의 〈트로이메라이〉

요한 슈트라우스의 〈아름답고 푸른 도나우강〉

쇼팽의 〈강아지 왈츠〉

멘델스존의 〈봄의 노래〉

양희은의 〈엄마가 딸에게〉

이승환의 〈가족〉

팻 매스니의 〈Letter from home〉

놀이 방법

1. 명화 속 인상 깊은 한 장면을 보여 준다.
2. 아기에게 그림과 관련해 전하고 싶은 말들을 건넨다.

이 그림은 레이니어르 크라에이방어르의 〈아빠 왔다〉라는 작품이란다. 아빠가 퇴근하자마자 달려와 너를 꼭 안아 주는 모습이지? 너와 눈을 맞추고 책을 읽는 이 시간은 정말 소중해!

놀이 효과

· 아기에게 정서적 안정감을 줄 수 있다.

· 아기가 사랑받고 있다는 행복감을 느낄 수 있다.

· 가족이 함께 즐겁게 시간을 보낼 수 있다.

· 부모와 아이가 건강한 애착 관계를 형성할 수 있게 돕는다.

아기 언어 능력자의 탄생, 언어 발달 육아법

베이비 사인(손 대화)으로 언어 발달 돕기(0~24개월)

베이비 사인baby sign이란 아직 말문이 트이기 전, 아기가 24개월이 되기 이전에 간단한 손동작이나 표정으로 나름대로 자신의 의사를 전달하는 방식이다. 배가 고프면 입을 벌린 채 고개를 돌린다거나, 응가 했을 때 축축함을 못 이겨 몸을 뻗치고 불편해하며 다리를 버둥거리는 식이다. 약속하지 않았더라도 아이 자신이 부모에게 본능적으로 사인을 보낸다. 알게 모르게 이미 사용 중인 것들이 있을 수 있다. 예를 들면, 눈을 비비고 머리카락을 뜯는 행동은 '졸리다'는 것을 의미하거나, 어떤 것을 향해 손을 뻗는 행동은 그 물건을 '달라'는 것을 의미하는 것처럼 말이다.

평소 아이가 보내는 시그널을 잘 관찰한 다음, 우리만의 약속을 만드는 것이 중요하다. 아이와 엄마 사이의 연결고리가 되어 준다. 대표적으로 부모들이 아이들과 약속하여 많이 쓰는 표현에는 우유, 주세요, 마셔요, 더, 잠자요 등이 있다.

내 아이와 자주 쓰고 있는 베이비 사인을 소개하자면 '안아 줄게' 사인이 있다. 박수를 두 번 치고 두 팔을 활짝 벌리면 이제 걸음마가 능숙해진 아이가 저 멀리서도 나를 향해 다가와 와락 안긴다. 아이가 안아 달라고 말하고 싶을 땐 엄마와 아빠에게 다가와 두 팔을 활짝 벌린다.

또한 음악을 틀어줄 때마다 "노래, 큐!" 하면서 허공에 집게손가락을 찌르며 두어 번 빙글빙글 돌렸다. 그랬더니, 그 동작만 하면 음악 소리가 나오는 오디오 스피커 쪽을 바라보거나, 자유로운 걸음걸이로 그 앞에 가 서 있는 것이다.

더 먹고 싶지 않거나, 원치 않는 장난감이면 고개를 도리도리 흔들며 '아니에요.' 의사를 표현한다. 우리 부부는 벌써 다 키운 거 같다며 웃곤 한다. 신생아 때만 해도 울음소리 판독법을 찾아보며 배가 고파서 우는 건지, 잠투정인지 몰라 허둥대기 일쑤였는데 이제 아이가 스스로 자기 의사를 표현할 수 있게 되었으니 말이다.

주다
두 손바닥을 펼쳐 앞으로 내밀어 주세요.

더
두 손끝을 마주치며 부딪히는 동작을 2-3번 반복해요.

잠자다
두 손을 포개 귀에 대고 머리를 대 주세요.

마시다
손을 입에 대며 물을 마시는 동작을 해주세요.

베이비 사인

언어 발달을 돕는 방법① 베이비 사인으로 연결고리 만들기

놀이 방법

1. 평소 아기가 가장 많이 요구하는 것이 무엇인지 살펴보고, 베이비 사인으로 소통할 단어와 행동을 정한다.
2. 일상생활에서 꾸준하게 반복하여 가르친다. 이때 아기와 눈을 맞추고, 사인과 함께 말을 해준다.
3. 엄마가 했던 것과 비슷한 베이비 사인으로 아기가 답하면 칭찬해 준다.

놀이 효과

· 아기가 목이 마르거나 졸릴 때, 울거나 떼쓰는 대신 부모에게 자신의 욕구를 손짓을 통해 전달한다. 베이비 사인을 읽어내 아기가 원하는 바를 빠르게 파악할 수 있어 적절하게 응해 주면 의사소통에 도움이 된다.

· 베이비 사인이 언어 발달을 촉진한다는 연구 결과가 있다. 자신이 말하고자 하는 바를 언어 이전의 단계인 베이비 사인으로 능동적으로 의사소통함으로써 표현력이 향상된다.

· 눈을 맞추고 소통하다 보니 부모와 아기 사이의 신뢰가 깊어져 안정적인 애착관계를 형성하는 데 도움이 된다.

주의 사항

· 아기와 눈을 맞추고, 베이비 사인과 함께 반드시 말을 해주는 것이 중요하다.

· 단계적으로 단어를 늘려가는 것이 좋다.

의성어, 의태어로 아기의 언어 감각 자극하기(3~12개월)

앞서 의성어, 의태어가 풍부한 그림책을 소개한 바 있다. 우리 전통놀이인 짝짜꿍, 까꿍, 도리도리, 곤지곤지처럼 의성어와 의태어 가사가 풍부한 노래를 몸짓과 함께 흥얼거려 아기의 언어 감각을 깨운다. 특별한 장난감 없이도 아기의 눈과 손과 귀를 자극하여 뇌를 발달시키고, 살을 비비고 눈을 마주치며 대화하면서 아이와 유대감을 키울 수 있다.

백일 전후 아기와 고개를 좌우로 돌리며 '도리도리' 하는 놀이가 단군 시대부터 내려온 전통 육아법이란 이야기가 있다. 돌이 안 된 아기에게 주는 가르침이란 뜻의 '단동십훈檀童十訓' 중 하나인 '도리도리道理道理' 놀이는 좌우로 머리를 돌리며 다른 사람의 마음을 살펴 살아가라는 교훈을 담고 있다고 한다. 손을 오므렸다, 폈다를 반복하는 '죔죔' 놀이 역시 '지암지암持闇持闇'의 줄임말로 아무거나 쥐지 말라는 속뜻으로 세상의 어두움을 잘 파악하며 살아야 한다는 의미를 담고 있다. 검지로 반대편 손바닥을 콕콕 찌르는 '곤지곤지坤地坤地'는 하늘과 땅을 알아야 한다는 의미를 담고 있다.

언어 발달을 돕는 방법② 전통놀이 '짝짜꿍'과 '도리도리'

놀이 방법

1. 누워 있거나 앉힌 자세로 얼굴을 마주 본다. 아기에게 고개를 좌우로 저으며 '도리도리'라 말하며 반복한다.
2. 아기가 동작을 따라 해볼 수 있게 격려한다.

3. 이번에는 아기의 두 손바닥이나 발바닥을 마주하며 손뼉을 친다. 리듬을 살려 '짝짜꿍짝짜꿍' 노래하듯 말한다.
4. 아기가 동작을 따라 손뼉을 치면 쓰다듬으며 칭찬한다.

놀이 효과

· 재미있는 말놀이를 통해 아기의 언어 감각을 자극하며 인지 발달을 향상시킨다.
· 스킨십을 통해 애착을 형성할 수 있다.

가족사진을 보며 이야기 들려주기(9~12개월)

부모의 언어 자극은 아기의 언어 발달에 큰 영향을 미친다. 아기는 옹알이로 시작해 첫 단어를 말하고 어느새 문장을 표현할 것이다. 세상에서 보고 듣고 배운 새로운 단어들이 매 순간 언어 발달 주머니에 차곡차곡 담길 것이다. 이 과정에서 부모는 평소 아기가 호기심을 보이는 사물의 이름을 적절하게 알려 주고, 일상적인 대화를 많이 나누어 '가족과의 대화가 즐겁다고 느낄 수 있도록 돕는 것'이 무엇보다 중요하다. 가정환경이나 양육방식에 따라 언어 발달에 차이가 생기는데, 대가족 사이에서 자란 아기는 언어 발달에 긍정적인 영향을 받는다고 알려져 있다. 자주 만나기 쉽지 않다면 가족들의 사진을 같이 보거나 영상통화를 하며 얼굴을 익히고 대화 나누며 상호작용하는 것이 좋다.

어느 순간 아기의 표현 언어와 수용 언어가 눈에 띄게 발달하는 것이 보일 것이다. 수용 언어는 아이가 알아듣고 이해할 수 있는 어휘를 뜻한다. 목소리, 얼굴 표정이나 '빠이빠이', '짝짜꿍'과 같은 동작으로, 그 의미를 이해하는 것이다. 표현 언어는 자신의 요구사항을 여러 음절로 된 옹알이, 손짓, 말소리 등으로 표현하는 것이다. 이때 옹알이에 동조해 주면서 응하면 아이의 말이 부쩍 늘어난다. "짝짜꿍 참 잘했어요! 기분이 좋아요? 엄마도 예린이가 짝짜꿍 잘해서 기뻐요."

언어 발달을 돕는 방법③ 가족사진을 보며 수다 시간 갖기

준비물: 가족사진

놀이 방법

1. 아이를 무릎에 앉혀 사진을 볼 수 있게 한다.
2. 가족사진을 하나씩 보여 준다.
3. 사진 속 인물을 한 명씩 짚으며 누구인지 알려 준다. "이 사람은 누구지?" "그렇지, 할머니."
4. 사진 속 가족들과 영상통화를 연결해 직접 대화한다.

놀이 효과

· 가족의 얼굴을 익혀 기억할 수 있다.
· 낯가림을 줄일 수 있다.
· 표현 언어와 수용 언어의 발달에 도움이 된다.

모형 전화기나 블록으로 따르릉 전화 놀이하기(13~18개월)

"따릉따릉, 여보세요. 거기 예린이 있어요?" 장난감 모형 전화기를 들고 전화 거는 시늉을 하면, 아기도 손에 들고 있던 블록을 귀에 갖다 댄다. 낮잠은 달콤하게 잘 잤는지, 밥은 먹었는지, 오늘 메뉴는 어땠는지, 좀 있다 목욕하면 어떨지 이런저런 말을 걸면 알아들을 수 없는 소리로 옹알옹알 댄다. 그 모습이 귀여워 옹알이를 따라 해보기도 하고, 동물 소리를 흉내도 내고, 노래도 불러 준다. "사랑해.", "뽀뽀해주세요."라고 말하고 전화 끊는 시늉을 하면 어느새 곁에 다가와 볼을 비비댄다. 아기와 전화 놀이를 하면 다양한 말놀이를 할 수 있어 언어 발달을 돕는다.

아기가 '디디', '따따', '부부부'처럼 똑같은 소리를 반복해서 내면, 그 소리를 되풀이해 주는 것이 좋다. 아기는 그 음절을 이어 반복하거나 또 다른 소리를 내며 상호작용한다. 자신의 말을 따라 하는 부모를 보며 아기는 언어 발화에 자신감을 느끼고 자존감과 효능감까지 높아질 수 있다. 부모가 아기의 옹알이를 따라 하는 것에 그치지 않고 상황에 맞게 어른 말로 "'여보세요?' 하고 전화 받았어요?", "우리 똥강아지 뽀뽀해 달라고 부부부 소리 냈어요?" 하는 식의 대화를 하다 보면 공감 능력과 안정 애착을 형성하는 데에도 도움을 준다.

언어 발달을 돕는 방법④ 전화 놀이

준비물: 모형 전화기, 블록

놀이 방법

1. 엄마는 모형 전화기를 귀에 대고 전화하는 흉내를 낸다.
2. 아기가 쳐다보며 관심을 가지면 전화기를 가져갈 수 있게 앞에 둔다.
3. 전화 거는 신호와 벨 소리를 흉내 낸다.
4. 아기가 귀에 전화기를 갖다 대는 시늉을 하면 "여보세요?" 하고 말한다. (이후에는 그 말을 듣고 싶어 아기가 스스로 전화기를 귀에 갖다 대고 엄마의 반응을 살피기도 한다.)
5. 아기에게 하고 싶은 말들을 들려준다. "오늘 날씨가 참 좋네." "우리 똥강아지, 사랑해요."
6. 아기의 표현 언어(폭풍 옹알이, 몸짓, 표정 등 포함)에 적극적으로 반응해 준다.
7. 인사를 해보고 전화를 끊는 동작을 한다.
8. 아기와 전화 놀이를 반복한다.

놀이 효과

· 언어 발달에 도움이 된다.
· 공감 능력을 키울 수 있다.
· 안정 애착 형성에 도움을 준다.

간단한 집안일 혹은 양말 짝 맞추기 놀이(18~24개월)

어느 날엔가 지워지는 펜으로 아기가 거울에 신나게 그림을 그려 놓아서 물티슈로 닦고 있었다. 어느새 옆에 따라와 물티슈를 뽑더니 내 행동을 모방해 슥슥 닦는 시늉을 하는 것이다. 고사리 같은 손으로 문질러 봐야 청소에 크게 도움이 되는 건 아니지만, 그저 고맙고 대견해 흐뭇해지는 엄마 미소를 숨길 수가 없었다. "엄마를 도와주는 걸 보니, 예린이는 참 착하구나." 칭찬을 아끼지 않았다. 장난감 정리하기, 걸레질하기 등 집안일에 아기를 참여시켜 보면, 어설프지만 곧잘 따라 한다. 양말 짝 맞추기와 같은 단순한 집안일도 아기에게는 다양한 색과 모양을 탐색할 수 있어 훌륭한 놀이가 되고, 언어 표현력을 높이는 활동이 된다.

언어 발달을 돕는 방법⑤ 양말 짝 맞추기

준비물: 양말 두 켤레 이상

놀이 방법

1. 구별하기 쉬운 양말 두 켤레를 준비한다.
2. 양말을 각각 한쪽씩 엄마의 오른쪽과 왼쪽에 둔다.
3. 양말의 그림이나 색깔을 아기가 탐색하게 한다.
4. 시범 삼아 똑같은 양말의 짝을 찾아 보여 준다. "무엇이, 무엇이, 똑같을까? 짜잔! 곰돌이, 양말이, 똑같아요."
5. 제자리에 두거나 양말 켤레 수를 늘려 아기가 짝을 찾아보게 한다.

놀이 효과

· 집안일에 참여시키면 자존감을 높일 수 있다.
· 다양한 모양과 색깔의 이름을 익혀 어휘량이 풍부해진다.
· 시각 변별 능력이 발달한다.
· 길이, 모양 등의 속성을 비교하며 분류하는 수학적 능력이 발달한다.

ㄱ 구름 거품

감각 운동기의 아기들은 감각기관과 운동 기능을 통해 세상을 이해한다. 이때 충분한 경험과 탐색의 기회를 제공하는 것이 좋은데, 오감을 자극하는 놀이는 새로운 정보와 자극을 주어 두뇌 발달을 돕는다. 풍성한 거품이 주는 느낌은 아기가 탐색하는 과정을 즐겁게 받아들이도록 한다. 또한 손으로 만져 보고 손바닥에 얹어 보는 활동을 하며 자연스럽게 소근육이 발달된다. 아기의 머리 위에 구름 모양의 거품을 살포시 얹어 그 모습을 거울로 보여 주면 까르르 웃는 모습에 세상 이보다 더 행복한 순간이 있을까 싶다.

ㄴ 놀이 텐트

아이가 걷기 시작하면서 아늑한 공간을 선물해 주고 싶었다. 캠핑장에 온 듯 가족만의 특별한 분위기를 연출해 볼 수 있다. 평일에는 아이와 놀아줄 시간이 현실적으로 많지 않다면, 저녁이나 주말에는 이 놀이 텐트 안에 함께 들어가 가족만의 놀이 공간을 만들어 보자. 상상을 펼쳐 나가는 공간이 될 것이다. 조립이 간편하고 쉽게 접어 보관할 수 있어 집 안은 물론 야외에서 설치하기에도 편리하다.

아이가 자신과 타인을 분리하기 시작하는 만 2세 이후에는 아이에게 심리적 안정감을 주는 공간이 될 수 있다. 그 이전에는 엄마와 아빠가 같이 들어가는 것이 좋다. 함께 그림책을 읽어 주거나 인형 놀이하는 공간으로 활용해 보자. 처음 놀이 텐트를 아이 방에 놓아두었을 때 낯설어하며 들어가는 것도 머뭇머뭇했지만, 며칠이 지나자 텐트에 들어가자며 미리 손을 잡아 끌기도 했다.

ㄷ 동물 모양 수면 조끼

이불을 덮지 않고 자는 아기들을 위해 위아래를 다 덮어 주는 담요 재질의 동물 모양 수면 조끼를 준비해 보자. 배앓이를 예방해 주는 것은 물론, 걷기 시작하면 '토토로' 한 마리가 아침에 방에서 저벅저벅 걸어 나오는 모습을 볼 수 있다. 귀여운 모습에 가족들 모두 행복해지는 것은 덤이다.

ㄹ 루페

루페lupe는 사물을 자세하게 들여다볼 수 있는 휴대용 확대경(10배율)이다. 아이가 자연에 가까이 다가갈 수 있도록 만들어 준다. 아이 손에 꼭 쥐어질 만큼 작은 크기에, 목걸이 줄이 달려 있어 잃어버릴 염려도 없다. 유치원이나 초등학교 과학 시간에 자연을 관찰할 때 많이 쓰는데, 온라인 쇼핑몰에서 저렴한 가격에 구입할 수 있다. 아이의 손을 꼭 잡고 숲 놀이터로 나가 보자. 루페를 들고 나서면 꽃과 나뭇잎, 민들레 씨앗, 개미 등 자연 친구들이 아이를 향해 손짓할 것이다. 곤충의 작은 눈도, 다리의 미세한 털도, 아름다운 무늬의 날개도 더 선명하게 보이며, 바위 틈에 소담스럽게 핀 예쁜 꽃잎과 돌멩이도 육안으로 볼 때와 달리 촘촘한 무늬까지 관찰할 수 있다.

ㅁ 모래 놀이

놀이터에서 모래를 처음 접한 아이는 아무런 제약 없이 모래를 마음껏 갖고 논다. 모래를 이리 옮기고 저리 옮기고, 그릇에 담았다가 다시 바닥에 뿌리고, 모래 더미를 쌓아 그 속에 손가락을 집어넣기도 하다 보면 한두 시간은 훌쩍 흘러간다.

도구를 활용할 줄 알게 되면 놀이 방법은 더욱 다양해진다. 모래를 긁는 모래 갈퀴, 모래를 담는 모종삽, 물을 담고 뿌려 반죽을 도와주는 물뿌리개, 모래를 넣어 여러 모양으로 찍어낼 수 있는 틀과 그릇 등 여러 도구를 활용한다. 좀 더 크면 모래 위에 글씨를 쓰거나 그림도 그리게 될 것이고, 해변이나 놀이터에서 모래성도 쌓을 것이다.

모래 놀이는 상상력, 표현력, 문제해결력을 키워 주며 소근육 발달을 도와주어 아이들에게 최고의 놀이 중 하나로 꼽힌다. 마음을 안정시켜 주는 효과도 있어 심리치료기법으로 쓰이기도 한다. 이뿐만 아니라 부피와 무게, 양의 보존과 같은 과학 개념도 알려 줄 수 있어 수학적 능력도 키울 수 있다.

ㅂ 블록

블록은 다양한 색깔과 모양으로 아이의 눈길을 끈다. 블록을 쌓고 만지다 보면 눈과 손의 협응력이 좋아지고, 손과 손가락을 사용해 블록을 옮기다 보면 소근육 조절 능력도 자연스레 발달한다. 부수고 다시 만드는 과정을 반복해 다양한 방식으로 자신이 원하는 새로운 조합을 만들어 낼 수 있다. 이때 창의성과 집중력, 인내심을 키울 수 있다. 또한 도형에 대한 감각이 좋아져 공간 지각능력을 키울 수 있고, 대화하면서 놀이를 즐기다 보면 언어 발달에도 도움을 준다. 만 2세 이하의 아이는 크기가 작은 블록들은 삼킬 우려가 있으니 절대 사용하지 않아야 하며, 블록 놀이를 할 때는 어른이 함께하여 안전사고에 유의한다.

ㅅ 성장 앨범

"어머나, 이 귀여운 아가가 누구지? 아까 목욕하니까 기분 좋았어? 오리랑 돌고래랑 같이 깨끗하게 씻고 나니 보송보송해졌네." 아이가 생후 18개월 즈음부터는 자신을 찍은 사진을 보여 주면 적극적으로 반응하기 시작했다. "예린아, 네가 처음 소파를 짚고 일어서기 시작했어. 대견해서 엄마가 그 순간을 사진으로 남겨 놓았지." 아이의 성장 과정을 담은 앨범은 그 순간의 기억들을 영원히 간직하게 해 준다. 아이는 시간의 흐름에 따라 그것을 보는 감회도 묘하게 달라질 것이다. 비록 기억하진 못하더라도 아이가 자신의 과거를 소중하게 담은 흔적들을 나중에 보면 가족의 관심과 사랑을 한 몸에 받았다는 것을 알 수 있으며, 이는 부모를 신뢰하게 하고 세상에 대한 믿음을 갖게 한다. 누군가가 그랬다. 어렸을 때의 성장 앨범과 육아 일기는 중2병 사춘기도 비껴가게 한다고.

ㅇ 육아종합지원센터

1995년부터 시작된 중앙육아종합지원센터는 0~7세를 위한 맞춤형 보육과 육아 서비스를 제공한다. 중앙육아종합지원센터를 중심으로 전국 각 시·도 및 시·군·구 육아종합지원센터도 운영된다. '아이러브 맘 카페'는 엄마와 아이가 시설을 방문해 함께 놀며 이용할 수 있도록 놀이실, 수유실, 상담실 등을 갖춰, 부모와 아이의 쉼터 역할을 한다. 영유아 발달에 맞는 다양한 놀잇감이나 도서를 대여할 수 있다. 좀 더 자세한 정보는 전국육아종합지원센터(대표 전화번호: 1577-0756) 홈페이지(http://central.childcare.go.kr/lcentral/d1_10000/d1_10007.jsp)에서 확인할 수 있다.

ㅋ 커뮤니티

온라인 커뮤니티를 적극적으로 활용하면 육아 용품이나 도서 등을 '아나바다(아껴 쓰고 나눠 쓰고 바꿔 쓰고 다시 쓰고)' 할 수 있다. 0~6개월에 많이 거래되는 육아 품목으로는 바운서, 모로 반사 방지용 속싸개(스와들미, 스와들업)나 좁쌀 베개, 에듀테이블 등이 있다.

ㅍ 포스터 (아기동물)

문 앞에 아기 동물 포스터를 붙여 두었다. 펭귄, 곰, 사자, 캥거루 등 다양한 동물의 새끼들이 얼굴을 빼꼼 내밀고 있는 실사 사진이다. 문을 여닫을 때마다 그 앞에서 동물들을 하나씩 쓰다듬는 시늉을 하며 "잘 잤니?", "밥은 먹었니?" 하고 말을 걸었다. 그랬더니 아기는 금세 내 행동을 따라 아기 동물을 살살 어루만지며 옹알옹알 댔다. 이때 사운드 북 그림책이나 유튜브 등을 활용해 꿀꿀, 야옹, 어흥 같은 실제 동물 소리를 같이 들려주어도 좋다. 문 앞에 붙여 두니 그 모습을 보고 있는 아기의 뒷모습이 어우러져 가만히 보고 있어도 마음이 훈훈해진다.

부록

0~24개월을 위한 7가지 영역별 그림책, 오감 놀이, 놀잇감 육아법

<table>
<tr><th></th><th>신체</th><th>인지</th><th>사회
정서</th><th>감각</th><th>예술</th><th>기본
생활</th><th>언어</th></tr>
<tr><td>태교</td><td></td><td>• 아이와 가족 모두에게 최고의 선물 태교동화</td><td></td><td></td><td>• 최고의 음악태교, 편안한 마음인 엄마 심장소리</td><td></td><td></td></tr>
<tr><td>1개월</td><td rowspan="3">• 신체 구석구석을 발달시키는 베이비 마사지

• 팔과 등 근육을 강화시키는 터미타임</td><td rowspan="3">• 과학자의 감각을 키우는 밤낮 구별 돕기</td><td></td><td rowspan="3">• 영아의 시각 발달을 돕는 초점책

• 오감을 자극하는 헝겊책, 팝업북, 사운드북</td><td rowspan="3">• 청각 지각력과 소리 변별 인지 능력 발달을 돕는 집안 곳곳 소리 채집하기</td><td></td><td></td></tr>
<tr><td>2개월</td><td></td><td></td><td rowspan="3">• 폭풍 언어 발달을 돕는 의성어 의태어 동화

• 아기와 엄마의 연결고리 베이비 사인</td></tr>
<tr><td>3개월</td><td rowspan="2">• 재미있는 말놀이와 스킨십을 통해 애착을 형성하는 전통놀이 짝짜궁과 도리도리</td><td></td></tr>
<tr><td>4개월</td><td>• 팔과 등 근육을 강화시키는 터미타임</td><td>• 물리학 법칙을 이해하고, 물건 입체감을 깨치게 돕는 구강기 물고 빨기 미션</td><td>• 오감을 자극하는 헝겊책, 팝업북, 사운드북</td><td>• 다양한 감각기관을 통해 사물을 탐색하는 촉감놀이</td><td></td></tr>
</table>

<table>
<tr>
<td>5개월</td>
<td rowspan="2">• 소근육 발달과 눈과 손의 협응력 발달을 돕는 드럼 & 종이찢기</td>
<td rowspan="2">• 물리학 법칙을 이해하고, 물건 입체감을 깨치게 돕는 구강기 물고 빨기 미션</td>
<td rowspan="2">• 재미있는 말놀이와 스킨십을 통해 애착을 형성하는 전통놀이 짝짜궁과 도리도리</td>
<td rowspan="2">• 오감을 자극하는 헝겊책, 팝업북, 사운드북</td>
<td>• 다양한 감각기관을 통해 사물을 탐색하는 촉감놀이</td>
<td></td>
<td rowspan="3">• 폭풍 언어 발달을 돕는 의성어 의태어 동화

• 아기와 엄마의 연결고리 베이비 사인</td>
</tr>
<tr>
<td>6개월</td>
<td>• 다양한 감각기관을 통해 사물을 탐색하는 촉감놀이

• 아이에게 사랑받고 있다는 행복감과 정서적 안정감을 주는 명화 감상</td>
<td></td>
</tr>
<tr>
<td>7개월</td>
<td>• 대상 영속성 발달을 돕는 까꿍놀이 그림책

• 소근육 발달과 눈과 손의 협응력 발달을 돕는 드럼 & 종이찢기</td>
<td>• 아기의 세상을 넓혀 주는 사물인지책 및 개념책

• 원인과 결과를 파악하는 수학논리 회로를 만드는 일상 속 ON OFF 놀이</td>
<td>• 가족 간의 진한 사랑을 키우는 애착 그림책

• 재미있는 말놀이와 스킨십을 통해 애착을 형성하는 전통놀이 짝짜궁과 도리도리</td>
<td></td>
<td>• 생활 속에서 음악을 놀이로, 생활 악기 놀이

• 아이에게 사랑받고 있다는 행복감과 정서적 안정감을 주는 명화 감상</td>
<td></td>
</tr>
</table>

<table>
<tr>
<td>8개월</td>
<td>• 대상 영속성 발달을 돕는 까꿍놀이 그림책

• 소근육 발달과 눈과 손의 협응력 발달을 돕는 드럼 & 종이찢기</td>
<td rowspan="2">• 아기의 세상을 넓혀 주는 사물인지책 및 개념책

• 원인과 결과를 파악하는 수학논리 회로를 만드는 일상 속 ON OFF 놀이</td>
<td rowspan="2">• 가족 간의 진한 사랑을 키우는 애착 그림책

• 재미있는 말놀이와 스킨십을 통해 애착을 형성하는 전통놀이 짝짜궁과 도리도리</td>
<td></td>
<td rowspan="2">• 생활 속에서 음악을 놀이로, 생활 악기 놀이

• 아이에게 사랑받고 있다는 행복감과 정서적 안정감을 주는 명화 감상</td>
<td></td>
<td>• 폭풍 언어 발달을 돕는 의성어 의태어 동화

• 아기와 엄마의 연결고리 베이비 사인</td>
</tr>
<tr>
<td>9개월</td>
<td>• 대상 영속성 발달을 돕는 까꿍놀이 그림책

• 걸음마 보조용 놀잇감을 두어 아장아장 걸음마 돕기</td>
<td></td>
<td></td>
<td>• 폭풍 언어 발달을 돕는 의성어 의태어 동화

• 아기와 엄마의 연결고리 베이비 사인

• 낯가림을 줄이고 언어 발달을 돕는 가족사진 수다타임</td>
</tr>
</table>

<table>
<tr><td>10개월</td><td rowspan="3">• 대상 영속성 발달을 돕는 까꿍놀이 그림책

• 걸음마 보조용 놀잇감을 두어 아장아장 걸음마 돕기</td><td rowspan="3">• 아기의 세상을 넓혀 주는 사물인지책 및 개념책</td><td rowspan="3">• 가족 간의 진한 사랑을 키우는 애착 그림책

• 재미있는 말놀이와 스킨십을 통해 애착을 형성하는 전통놀이 짝짜궁과 도리도리</td><td rowspan="4">• 많음과 적음, 길고 짧음, 크고 작음에 대한 수학 감각을 키우는 구체물 놀이</td><td rowspan="3">• 육아 에피소드 작사, 콧노래 작곡 동요 만들기

• 아이에게 사랑받고 있다는 행복감과 정서적 안정감을 주는 명화 감상</td><td></td><td rowspan="3">• 폭풍 언어 발달을 돕는 의성어 의태어 동화

• 아기와 엄마의 연결고리 베이비 사인

• 낯가림을 줄이고 언어 발달을 돕는 가족사진 수다타임</td></tr>
<tr><td>11개월</td><td></td></tr>
<tr><td>12개월</td><td></td></tr>
<tr><td>13개월</td><td>• 대근육 발달을 돕고 집중력도 키워주는 색깔공 굴리고 줍기</td><td>• 자연 관찰을 시작하는 세밀화 그림책

• 공간 지각력과 수학적 문제 해결력을 키우는 블록, 상자 쌓기, 퍼즐놀이</td><td>•공감능력을 키우고 안정애착 형성을 돕는 따르릉 전화놀이</td><td>• 우리 함께 아티스트 난장판 프로젝트 내맘대로 벽화

• 아이에게 사랑받고 있다는 행복감과 정서적 안정감을 주는 명화 감상</td><td>• 일상 속 아기가 주인공인 생활 그림책</td><td>• 폭풍 언어 발달을 돕는 의성어 의태어 동화

• 아기와 엄마의 연결고리 베이비 사인</td></tr>
</table>

<table>
<tr><td>14개월</td><td rowspan="5">• 대근육 발달을 돕고 집중력도 키워주는 색깔공 굴리고 줍기</td><td rowspan="5">• 자연 관찰을 시작하는 세밀화 그림책

• 공간 지각력과 수학적 문제 해결력을 키우는 블록, 상자 쌓기, 퍼즐놀이</td><td rowspan="5">•공감능력을 키우고 안정애착 형성을 돕는 따르릉 전화놀이</td><td rowspan="5">• 많음과 적음, 길고 짧음, 크고 작음에 대한 수학 감각을 키우는 구체물 놀이</td><td rowspan="4">• 우리 함께 아티스트 난장판 프로젝트 내맘대로 벽화

• 아이에게 사랑받고 있다는 행복감과 정서적 안정감을 주는 명화 감상</td><td rowspan="4">• 일상 속 아기가 주인공인 생활 그림책</td><td rowspan="5">• 폭풍 언어 발달을 돕는 의성어 의태어 동화

• 아기와 엄마의 연결고리 베이비 사인</td></tr>
<tr><td>15개월</td></tr>
<tr><td>16개월</td></tr>
<tr><td>17개월</td></tr>
<tr><td>18개월</td><td>• 우리 함께 아티스트 난장판 프로젝트 내맘대로 벽화

• 아기가 좋아하는 음식, 물건, 애착인형

• 아이에게 사랑받고 있다는 행복감과 정서적 안정감을 주는 명화 감상</td><td>• 일상 속 아기가 주인공인 생활 그림책

• 다양한 사물 이름을 익혀 어휘량을 풍부하게 간단한 집안일</td></tr>
</table>

19개월	• 신체 인지를 돕고, 전신 운동 효과도 있는 머리어깨 무릎 율동	• 자연 관찰을 시작하는 세밀화 그림책 • 공간 지각력과 수학적 문제 해결력을 키우는 블록, 상자 쌓기, 퍼즐놀이		• 많음과 적음, 길고 짧음, 크고 작음에 대한 수학 감각을 키우는 구체물 놀이	• 아기가 좋아하는 음식, 물건, 애착인형 등을 찍은 사진으로 그림책 만들기 • 아이에게 사랑받고 있다는 행복감과 정서적 안정감을 주는 명화 감상	• 일상 속 아기가 주인공인 생활 그림책 • 다양한 사물 이름을 익혀 어휘량을 풍부하게 간단한 집안일	• 폭풍 언어 발달을 돕는 의성어 의태어 동화 • 아기와 엄마의 연결고리 베이비 사인
20개월					• 아기가 좋아하는 음식, 물건, 애착인형 • 아이에게 사랑받고 있다는 행복감과 정서적 안정감을 주는 명화 감상		

21개월	• 신체 인지를 돕고, 전신 운동 효과도 있는 머리어깨 무릎 율동	• 자연 관찰을 시작하는 세밀화 그림책 • 공간 지각력과 수학적 문제 해결력을 키우는 블록, 상자 쌓기, 퍼즐놀이		• 많음과 적음, 길고 짧음, 크고 작음에 대한 수학 감각을 키우는 구체물 놀이	• 아기가 좋아하는 음식, 물건, 애착인형 • 아이에게 사랑받고 있다는 행복감과 정서적 안정감을 주는 명화 감상	• 일상 속 아기가 주인공인 생활 그림책 • 다양한 사물 이름을 익혀 어휘량을 풍부하게 간단한 집안일	• 폭풍 언어 발달을 돕는 의성어 의태어 동화 • 아기와 엄마의 연결고리 베이비 사인
22개월							
23개월							
24개월							

다시 돌아오지 않을 소중한 날들

“아이가 한 세 살까지는 정말 힘든데, 지금 생각해 보면 그때 더 많이 사랑해 주지 못한 게 후회될 때가 있어.”

제일 예쁠 때 더 많이 사랑해 주고 챙겨 주지 못한 게 후회가 된다는 말들을 주변에서 제법 자주 들었다. 내 경우에는 임신 과정이 순탄치 않았던 것도 묘하게 육아에 긍정적으로 작용하기도 했다. 잠시 못 본 사이에 물티슈를 다 뽑아놓고, 선물할 포장지를 다 흩트려 놓고, 삶은 고구마나 치즈를 거실 바닥에 온통 발라놓는 등 부글부글 올라올 법한 타이밍에도 ‘아기의 순간순간들을 오롯이 축제처럼 함께 즐길 수 있게, 최대한 감정을 조절하자.’며 그전에 없던 인내심까지 생겨났으니 말이다. 마음을 바꾸고 나니 아이와 한 번 더 눈을 맞추고 같이 웃을 수 있는 여유가 조금 더 생겼다.

그리고 아이의 발달 단계를 공부하고 영유아 시기의 발달을 돕는 오감 놀이 및 그림책 육아, 뇌 교육에 관해서도 공부하면 할수록 아이와 함께 성장해 간다는 느낌을 받는다. 또한 초등학교 교육 현장에서 아이들을 만나 한 공간에서 호흡하고 지내며, 그동안 이렇게 예쁘고 사랑스러운 아이들을 10여 년간 키워 온 부모님들의 노고를 온몸으로 체감하게 된다.

아이를 키우면서 가장 행복한 순간들을 떠올려 본다. 자는 아이의 탱글탱글한 볼에 뽀뽀할 때, 아빠랑 양쪽에서 동시에 쪽! 백도 복숭아 같은 뽀얀 볼을 뽁 소리내며 먹는 시늉까지 하면 아이는 간지러워 몸을 배배 꼬면서 해말간 웃음을 선물한다.

아기 목욕시키기도 처음엔 서툴기만 해 울리기 일쑤였지만, 여유가 생긴 이후로는 매일 아기 가르마를 바꿔 캐릭터 놀이하는 게 일상이 되었다. 2:8 가르마를 나누어 '중국 부자 싸장님'이란 별명을 붙이는가 하면, 만화 캐릭터처럼 곱게 한 가닥을 모아 올려 '볼트머리'를 만들기도 하고, 양쪽 머리를 귀여운 뿔처럼 세워 '아기 도깨비'를 만들곤 한다.

전쟁 같은 육아를 마치고 잠자리에 누워 쌔근쌔근 잠든 아기를 보며 말한다.

"어쩜 이렇게 예쁘지? 나중에 이 시간이 얼마나 그리워질까?"

말하다 보니 어느새 눈가가 촉촉해진다.

매일 반복되는 육아가 숨 가쁜 날엔 한 템포 쉬어가려고 한다. 그런 날엔 아이가 더 자라난 몇 년 후를 떠올려본다. 그때 더 많이 사랑해 주지 못해 미안한 마음을 내내 품고 있을 것인가, 태어나 가장 예쁠 아기의 축복받은 시기를 오롯이 기쁨과 행복으로 충만한 날들로 만들 것인가를 생각해 보면, 어떤 마음가짐을 가져야 할지 답은 정해져 있었다. 다시 돌아오지 않을 이 소중한 우리의 날들을 축제로 만들 권리와 의무가 우리에게 있다.

세상에 태어나 아장아장 걷고 달리게 되는 날까지, 가장 찬란했던 날들을 기록하고 싶었다. 하나씩 담다 보니 상자가 금세 가득 찼다. 처음 심장 소리를 들었던 날의 설렘을 담은 초음파 앨범, 태어나 아기가 처음으로 입었던 배냇저고리, 입에서 쪽쪽, 내 몸처럼 붙어 지내던 공갈젖꼭지, 꼭 닮은 똥강아지 모양의 황금 돌 반지, 깜깜한 방 신기한 눈으로 불빛을 따라가던 그림자 극장, 첫사랑에 빠진 듯 보자마자 꼭 안아 주던 애착 인형, 제대탈락 후 탯줄을 영원히 보관하기 위해 만들어 준 별자리 탯줄 도장, 그리고 이 책까지. 언젠가 아이와 말이 통하게 될 날, 너의 역사를 고스란히 담은 보물 상자가 있다며 건네주려고 한다.

여러분의 사랑하는 똥강아지 아기와 소중한 추억을 쌓는 데 이 책이 작은 선물이 되기를 바란다.

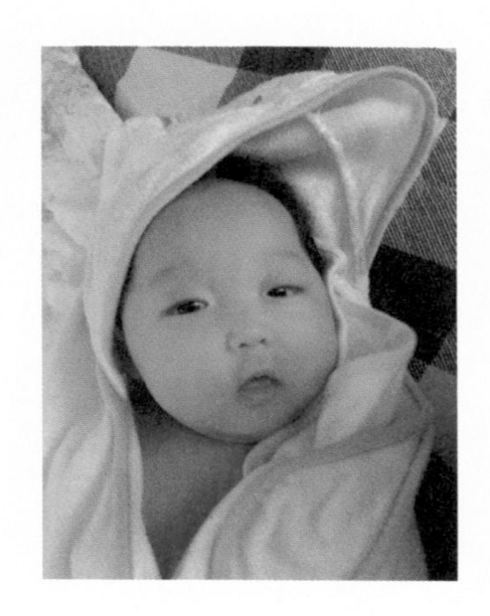

목욕 후 폭신한 수건으로
몸을 감싸는 놀이를 좋아하는 똥강아지 예린

"Love is Touch"

이 세상에 태어나 우리가 경험하는
가장 멋진 일은 가족의 사랑을 배우는 것이다.

조지 맥도날드